Thomas Riepe

Einfach Hund sein dürfen

Das Hundeleben natürlich gestalten

Ulmer

Inhalt

Das Hundeleben natürlich gestalten: warum?

Wolf, Dingo & Co.: Vorbilder für das natürliche Gestalten

Angeboren und angepasst

Das Hundeleben natürlich gestalten: So klappt's im Alltag

Service

TU EINFACH SO ALS WÄRE ICH NICHT HIER

Das Hundeleben natürlich gestalten: warum?

Selbstbestimmt lebende Hunde gestalten ihr Leben so, dass sie sich wohlfühlen – wenn es die Umwelt zulässt. Damit auch unsere Haushunde auf natürlichem Weg zufrieden sein können, können wir versuchen, ein „freies Leben“ so gut es geht zu simulieren.

Selbstbestimmtes Hundeleben

Die große Mehrheit der Hunde weltweit leben nicht als Familienhunde, sondern selbstbestimmt.
Es ist spannend zu erfahren, wie diese Hunde ihren Alltag meistern.

Lebensraum Mensch

Der Lebensraum nah bei oder auch zwischen den Menschen ist für Hunde sehr wichtig, weil sie sich über viele Jahrtausende an eben genau diesen Lebensraum angepasst haben, der eine Nische in der Natur darstellt. Hunde werden so gut wie nie in einer Umwelt beobachtet, die vollkommen menschenleer ist. Zwar gibt es in Asien einige Hunde, die sich anscheinend wieder vom Menschen entfernen bzw. sich schon entfernt haben und die an den Stadträndern leben, sozusagen zwischen dem Lebensraum Mensch und der „echten" Natur. Diese **Paria-**

hunde genannten Tiere zeigen ein leicht abweichendes Verhalten zu anderen Hunden. Pariahunde stellen aber nicht die Mehrheit der Hunde weltweit. Die wird durch die sogenannten **Schensihunde** (s. Seite 29) und auch durch verwilderte Haushunde und deren Nachkommen repräsentiert.

Die große Mehrheit der Hunde weltweit lebt also mehr oder weniger selbstbestimmt – sei es als Schensihund oder verwilderter Streuner. Zu diesen vollkommen „frei“ lebenden Hunden kommen noch die Hunde, die zwar Menschen gehören oder ihnen direkt zugeordnet werden können, die allerdings ebenfalls die meiste Zeit ihres Tages selbst bestimmen und gestalten können. Hierzu zählen Hunde, die auf Bauernhöfen oder Ranches leben – von Argentinien bis in die großen, dünnbesiedelten Weidegebiete der USA, von europäischen Almen bis zu Reisbauern in Indien: Hof- und Bauernhunde findet man überall auf der Welt. Neben einigen Wach- und Schutzaufgaben, die sie praktisch „nebenher“ erledigen, oder „Hygienetätigkeiten“, wie Mäuse oder Rattenbestände zu kontrollieren, haben sie keine großartigen Aufgaben. Sie gestalten die Tage sehr ähnlich wie Schensi- oder Pariahunde (Treib- und Hütehunde einmal ausgeklammert, da diese zeitweise bestimmte Aufgaben absolvieren müssen).

Der Pariahund

Pariahunde sind Hunde, die den Lebensraum zwischen Mensch und Wildnis bevorzugen, also nicht in unmittelbarer Nähe oder direkt unter den Menschen leben. Diese Hunde besetzen eine ökologische Nische, die zwischen dem menschlichen Lebensraum und der freien Natur angesiedelt werden kann.

Leben ohne menschliche Vorgaben

Weit mehr Hunde als man glaubt leben demnach ein Leben, das nicht direkt vom Menschen vorgegeben wird. Vielmehr wird ihr Tag davon bestimmt, zu leben und zu überleben. Im Grunde nicht anders als bei Wildtieren – nur nicht in einem menschenleeren Umfeld, sondern eben in der vom Menschen beeinflussten Umwelt. Das Verhalten dieser Hunde wird dabei durch ihre Genetik und ihre Umwelt bestimmt. Die Verhaltensgenetik beschreibt, dass die Gene eines Hundes das Grundmuster seines Verhaltens vorgeben – und somit in weiten Teilen auch den Tagesablauf. Umwelteinflüsse, zu denen man auch den Menschen zählen kann, formen das weitere Verhalten. Zu welchen Anteilen Umwelt und Genetik das Verhalten bestimmen, ist noch ungeklärt und umstritten – sicher ist aber, dass beide Faktoren zusammen ein Individuum ausmachen.

Wenn man aber die vorher genannten selbstbestimmten Hunde näher betrachtet und über längere Zeiträume beobachtet, kann man klare Gemeinsamkeiten in ihrem Verhalten erkennen, die genetisch fixiert sind. Gemeinsamkeiten, die man sehr deutlich in der Gestaltung des Tages erkennen kann. Die Tagesgestaltung und die Beschäftigung über den Tag lassen mit hoher Wahrscheinlichkeit vermuten, dass eben dieser Tagesablauf optimal für Hunde aller Rassen und Arten ist und für ein ausgeglichenes Hormonsystem sorgt, welches wiederum dazu führt, dass ein Hund sich wohlfühlt und dadurch ein ausgeglichenes Normalverhalten zeigt.

Und wenn man weiß, wie Hunde selbst ihren Tag gestalten oder gestalten würden, dann sollte man dieses Wissen doch als Grundlage dafür nehmen, den Hunden, die eben nicht für sich selbst bestimmten können, einen möglichst natürlichen Tagesablauf zu simulieren.

Das Revier – warum ist es so wichtig?

Damit Hunde sich wohlfühlen, brauchen sie neben genügend zu Fressen auch noch anderes. Einer der wichtigsten Punkte dabei ist das Revier. Aber warum ist das so?

Alle Hunde, alle Wölfe und die meisten weiteren Vertreter der Tierfamilie der „Hundeartigen“ (z. B. auch Füchse, Kojoten und Schakale) zeigen ein angeborenes Revierverhalten. Das heißt, dass ein bestimmtes Territorium den Lebensraum und Lebensmittelpunkt darstellt. Zwar sind beim Haushund durch gezielte Selektion Rassen entstanden, die eine unterschiedlich stark ausgeprägte Territorialität zeigen, dennoch ist jeder Hund territorial. Nur eben unterschiedlich intensiv.

Vereinfachte Nahrungssuche

Bei der Nahrungssuche durchlaufen Wölfe ihr Revier. Das wissen natürlich auch die potenziellen Beutetiere, die ihrerseits nicht ständig an den gleichen Weidegründen anzutreffen sind. Hirsche z. B. haben mehrere Plätze, wo sie ausreichend Nahrung zum Äsen vorfinden und die sie ständig wechseln. Diese werden gewechselt, damit es die Beutegreifer wie beispielsweise Wölfe es möglichst schwer haben, sie zu finden. Trotzdem kennen die Wölfe natürlich sämtliche Weidegründe und Plätze, an denen die Wahrscheinlichkeit hoch ist, Beutetiere anzutreffen. Sie laufen also bei ihren Streifgängen alle bekannten Weideplätze ab, aber nicht immer in der gleichen Reihenfolge oder im gleichen Rhythmus. Zwar wissen die Wölfe nicht, ob sie immer Nahrung antreffen, aber sie kennen zumindest Orte, die sie gezielt ansteuern können. Sie kennen sich in ihrem Revier aus, die Nahrungssuche ist nicht so aufwendig wie in fremden Gebieten und ist aufgrund des Wissens um die möglichen Aufenthaltsorte der Beutetiere kalkulierbar. Man könnte fast sagen, die Nahrungssuche ist „geordnet", oder zumindest einfacher, als wenn man sich in einem fremden Gebiet nicht auskennt. Da Nahrung natürlich existenziell wichtig ist, ist es verständlich, dass sich ein Beutegreifer dort wohlfühlt, wo er sich auskennt. In seinem Revier.

Erhöhtes Sicherheitsgefühl

So wie der Wolf zum Überleben andere Tiere bedroht und als Nahrung nutzt, ist er selbst natürlich ebenfalls vielen Gefahren ausgesetzt. So sind Wolfswelpen durchaus auch gefährdet, von anderen Beutegreifern wie Bären und Luchsen (in Asien z. B. auch Großkatzen wie Leoparden und sogar anderen Kaniden wie in Nordamerika den Kojoten) als Beute angesehen zu werden. Und auch erwachsene

Wölfe müssen in diversen Konkurrenzsituationen einmal ihr Heil in der Flucht suchen, wenn sie vielleicht versucht haben, einem Bären oder Puma die Nahrung streitig zu machen. Da kann es von Vorteil sein, wenn man sich in seinem Revier auskennt, wenn man weiß, wo man sich verstecken kann. Und wo man Höhlen findet, in denen man die Welpen in Sicherheit wiegt oder Ausweichhöhlen kennt, in die die Welpen im Notfall umgesiedelt werden können. Das Revier bietet also Sicherheit. Und da, wo man sich sicher fühlt, fühlt man sich auch wohl ...

Nahrung und Sicherheit. Zwei grundlegende Bedürfnisse, die im heimischen Revier befriedigt werden. Daher ist es klar, dass dieses Revier für ein Individuum, aber auch für seine Familie wichtig ist. Das Territorium wird bewacht und notfalls aggressiv verteidigt. Territorialität ist eine angeborene Eigenschaft – bei Wolf wie Hund. Wachen ist eine Beschäftigung, eine Arbeit, die Hunden „im Blut“ liegt und die zu den natürlichen Tätigkeiten gehört. Weil Wachen eine Fähigkeit ist, die der Mensch für sich nutzen konnte, hat er bei einigen Hunderassen diese spezielle Fähigkeit durch gezielte Selektion gesteigert. Aus diesem Grund ist die Wachsamkeit und die Territorialität bei unterschiedlichen Rassen auch verschieden stark ausgeprägt. Grundsätzlich ist aber jeder Hund territorial und beschäftigt sich gern mit dem Bewachen seines Reviers.

Die **Größe eines Wolfsreviers** hängt in erster Linie von der zur Verfügung stehenden Nahrung ab. Beutereiche Reviere können 200 km^2 groß sein, in beutearmen Gebieten können über 1000 km^2 ein Rudel ernähren.

Von Neurotransmittern, Verhalten und Beschäftigung

Lebensfreude, Ausgeglichenheit oder Stress – Empfindungen werden durch körpereigene chemische Prozesse gesteuert. Lassen sich diese Vorgänge beeinflussen?

Neurotransmitter

Neurotransmitter sind chemische Stoffe, die der Körper produziert, um Informationen von einem Teil des Nervensystems zum anderen zu transportieren. Die Informationen werden durch den Körper geschickt, wodurch das Verhalten des Hundes beeinflusst wird. Beispielsweise regeln sie das Stresssystem des Körpers – das System, das die körperlich notwendige Anpassung an eine geänderte Situation durchführt. Wenn das Stresshormonsystem in Gang gesetzt wird, sorgen Stoffe wie Adrenalin oder Noradrenalin für einen schnelleren Herzschlag, eine schnellere Atmung und schnelleren Sauerstofftransport, der wiederum Muskelanspannungen nach sich zieht. Der Körper wird also in einen Zustand versetzt, in dem man flüchten,

aber auch Kämpfen kann – die Leistungsfähigkeit ist gesteigert. Wenn die akute Gefahr vorüber ist, werden Noradrenalin und Adrenalin von einem anderen Stoff ersetzt, dem Cortisol. Die Anspannung ist dann nicht mehr so stark wie im akuten Anpassungsprozess, trotzdem wird eine gewisse Anspannung aufrechterhalten, um im Notfall schnell wieder das Leistungsniveau erhöhen zu können. Stresssituationen sind wichtig und normal, sie dürfen allerdings nicht zu lange anhalten, weil die körperlichen und psychischen Belastungen dauerhaft schädlich sein können und z. B. Ängste und Aggressionen in übersteigertem Maß hervorrufen können.

Ausgeglichenes System und Verhalten

Um die Stresshormone abzubauen, hat der Körper verschiedene Möglichkeiten: Beispielsweise durch körperliche Aktivitäten, die die Anspannung lösen. Wichtig sind aber auch Neurotransmitter, die im Körper gebildet werden, um Anspannungen zu entgegenzuwirken. Genannt sei hier beispielsweise der Stimmungsaufheller Serotonin, der als direkter Gegenspieler des Cortisol für ein ausgeglichenes Verhältnis der verhaltens- und stimmungsregelnden Stoffe dient. Ist der Serotoninspiegel dauerhaft zu niedrig, kann das die Lernfähigkeit beeinträchtigen, zu impulsiven und aggressivem Verhalten und Zwangshand-

lungen und Ängsten führen. Insgesamt kann man sagen, dass ein ungünstiges Verhältnis von anspannenden und den Anspannungen entgegenwirkenden Stoffen zu diversen Problemen wie verstärktem aggressivem und impulsivem Verhalten führen kann.

Das System, das Anspannung, Entspannung und Normalverhalten regelt, funktioniert nur dann, wenn ein Lebewesen das Leben führt, das zu dem System passt. Ein Leben, das sich über eine lange Evolution entwickelt hat, ein Leben mit angeborenen Grundmustern. Wenn wir Hunden dieses Leben bieten wollen, sollten wir uns an Hunden orientieren, die dieses Leben ohne menschlichen Einfluss vorleben.

Hundeleben in der modernen Gesellschaft

Das Vorhandensein von selbstbestimmten Hunden und der Wohlstand einer Gesellschaft – gibt es hier einen Zusammenhang?

Hoher Wohlstand, wenig selbstbestimmte Hunde

Wie in den vorangegangenen Kapiteln erläutert, lebt die überwiegende Mehrheit der Hunde weltweit ohne direkte Zuordnung zu bestimmten Menschen und deshalb auch ohne menschliche Führung. Hunde, die so leben, sind meist in Ländern anzutreffen, deren Wirtschaftsleistung geringer als z. B. in Mitteleuropa ist. Oder andersherum: Hunde, die in den Mittelpunkt des Interesses der Gesellschaft gerückt werden, findet man vornehmlich in Ländern mit starker Wirtschaft. Was natürlich nicht heißt, dass man Hunde „mit Besitzern" nur in reichen Ländern vorfindet. Überall auf der Welt gibt es Hunde, die Menschen oder Menschengruppen zugeordnet werden können. Aber die Hunde mit und ohne menschliche Bezugspersonen verteilen sich in reicheren und ärmeren Ländern unterschiedlich. Wenn man sich die Wirtschaftsleistungen der Länder und die jeweilige gesellschaftliche Bedeutung des Hundes anschaut, kann man kausale Zusammenhänge nicht leugnen.

Deutschland kann man sicher zu den Ländern mit einer hohen Wirtschaftsleistung zählen, zu einem Land mit weit verbreitetem Wohlstand. Hier gibt es nur sehr wenige selbstbestimmt lebende Hunde. Woran mag das liegen?

Hunde leben nach menschlichen Vorstellungen

Nun, soziologisch betrachtet hat sich die Gesellschaft in sehr geordneten Bahnen entwickelt. In Mitteleuropa braucht sich die Mehrheit der Bevölkerung keine Gedanken darüber zu machen, ob am nächsten Tag genügend Nahrung vorhanden ist, ob man ein Dach über dem Kopf hat. Wenn die grundlegenden, die existenziellen Probleme geringer sind als anderswo, sucht sich eine Gesellschaft alternative Herausforderungen, werden Sachverhalte diskutiert, Probleme kreiert.

Das hat natürlich auch Auswirkungen auf das Hundeleben in eben diesen Gesellschaften, deren Herausforderungen nicht immer existenziell wichtig für die die menschlichen Individuen sind. So wird mit Hunden nicht einfach so zusammengelebt, Hunde sind nicht einfach da oder müssen einige wenige Aufgaben erfüllen, die einen ernsthaften Nutzen (wachen, hüten etc.) für den Menschen haben. Nein, Hunde werden in das Zentrum des menschlichen Interesses gestellt. Hunde wärmen unsere Kinder oder sind Spielkameraden für sie. Sie laufen als Joggingpartner mit, in anderen Fällen müssen sie mit ihren Besitzern die neuesten Trainingstrends ausprobieren, oft im schnellen Wechsel – so schnell, wie sich Trends in einer wohlhabenden Gesellschaft entwickeln. In einigen Hundevereinen müssen sie „funktionieren" wie Roboter, in anderen wird täglich eine neue Sportart erfunden oder ausprobiert. Hunde sind Sozialpartner, Seelentröster, Sportpartner, Kindersatz und/oder Prestigeobjekt. Hunde müssen so leben, sich so verhalten, wie Menschen es möchten, wie Menschen es sich immer wieder neu ausdenken. Sie müssen sich ständig neu anpassen und dürfen fast nie das Leben führen, worauf die Evolution sie vorbereitet hat. Hunde müssen so leben, wie wir uns das vorstellen.

Es wird Zeit, dass wir uns einmal die Frage stellen, wie Hunde ihr Leben gestalten würden, wenn wir es ihnen nicht vorschreiben würden.

Simulation eines selbstbestimmten Lebens

Was braucht ein Hund in unserer modernen Gesellschaft, um „Normalverhalten“ zeigen zu können? Und: Was kann der einzelne Hundehalter tun, damit sich sein Hund rundum wohlfühlt?

Die grundsätzlichen Verhaltensmerkmale eines Hundes werden durch die Verhaltensgenetik bestimmt, s. Seite 10. Dieses Grundverhalten geht einher mit einer Steuerung durch Neurotransmitter und Hormone, welche im Körper in einem ausgeglichenen Verhältnis zwischen erregender und entspannender Wirkung vorkommen sollten. Nur dann kann der Hund ein Normalverhalten zeigen, wie es eben von der Verhaltensgenetik weitgehend vorbestimmt ist. Hierzu gehört auch, dass er einen Tagesablauf leben können sollte, der diesen ausgeglichenen Hormonhaushalt begünstigt.

Hunde, die allerdings nach menschlichen Vorstellungen so leben müssen, wie im vorherigen Kapitel beschrieben, leben nicht in der Weise, wie es die Verhaltensgenetik vorgibt – selbst wenn sie für einige Aufgabenbereiche durch Zucht in ihren Fähigkeiten angepasst wurden. Auch diese Rassespezialisten haben das genetische Grundmuster, welches alle Hunde in sich tragen und das ein bei allen Rassen ähnliches Verhaltensgrundmuster für ein ausgeglichenes Hormonsystem beinhaltet. Das mag man vielleicht nur schwer glauben, wenn man einen quirligen Terrier sieht oder einem phlegmatischen Neufundländer begegnet. Der Hauptunterschied zwischen diesen Rassen liegt eigentlich nur darin, dass der Terrier eine wesentlich niedrigere Reizschwelle hat. Er reagiert einfach schneller auf Reize – damit er z. B. schneller auf flüchtende Kleinnager reagiert, um diese erfolgreich jagen zu können. Der Neufundländer hingegen sollte sich bei seiner ursprünglichen Tätigkeit als Lastenhund nicht aus der Ruhe bringen lassen und eben nicht auf jeden Reiz direkt reagieren.

Terrier und Neufundländer sind gar nicht so verschieden

Terrier, mit einer sowieso schon niedrigen Reizschwelle, werden heute aber gern von Menschen gehalten, die sehr viel, teils auch hektische Aktionen in ihrem Tagesablauf integrieren. Dies führt oftmals zu überaktiven Terriern, die häufig Probleme bereiten – sich selbst und ihrer Umwelt. Dabei braucht der Terrier, weil er immer noch das gleiche genetische Grundprogramm wie der Neufundländer hat, im Prinzip den gleichen Tagesablauf wie der Neufundländer. Einen Tagesablauf, zu dem sehr viel Schlaf und Ruhe gehört – nur so kann sich der leicht erregbare Körper beruhigen und entspannend der leichten Erregbarkeit entgegenwirken. Dann kann der Terrier ruhig zwischendurch kurzfristig seine Fähigkeiten als schnell reagierender Hund ausleben – aber gezielt und selten am Tag. Und der

Neufundländer kann gezielt und selten am Tag schwere Arbeit verrichten – die ihm, ohne genügend Entspannung, körperlich schaden würde.

Bei einem Terrier wie auch bei einem Neufundländer könnte man vielen Verhaltens- und körperlichen Problemen vorbeugen und sie in der Regel verhindern. Voraussetzung hierfür wäre, dass man ihnen insgesamt über den Tag den allen Hunden gleichermaßen angeborenen Tagesablauf gönnt. Eine der Rasse entsprechende Beschäftigung braucht nur punktuell eingebaut werden.

Die meiste Zeit des Tages kann man auch den modernen Hund innerhalb der modernen Gesellschaft so halten und beschäftigen, wie überall und zu jeder Zeit auf der Welt. Wie Hunde immer schon gelebt haben und wie sie selbst durch angeborenes Verhalten für ein ausgeglichenes Hormonsystem sorgen und gesorgt haben.

Eine Simulation ist notwendig

Da Hunde aber heute leider in großen Teilen der menschlichen Gesellschaft nicht mehr frei bestimmen können, nicht mehr ihrem natürlichen, angeborenen Verhalten nachgehen können, ist es unsere Aufgabe als Hundehalter, unserem Tier bestimmte Abläufe so zu simulieren, dass es diesem natürlichen Leben möglichst nahe kommt. Wie die Umsetzung aussehen könnte, werde ich später in diesem Buch erläutern (mehr dazu ab Seite 64). An dieser Stelle möchte ich nur nochmals folgende Punkte festhalten:

> Es ist für den Hund wichtig, dass wir ihm einen möglichst natürlichen Tagesablauf gönnen, damit er sich hormonell wohlfühlt. Egal, welcher Rasse er angehört.
> Wir sollten uns damit beschäftigen, wie wir diesen Tagesablauf in den Bereichen simulieren können, in denen der Hund den Tag nicht selbst bestimmen kann. Die Bedürfnisse des Hundes sollten dabei im Vordergrund stehen.

WOLF
DINGO

Wolf, Dingo & Co.: Vorbilder für das natürliche Gestalten

Damit sich unsere Hunde wohlfühlen, brauchen sie einen an natürlichen Abläufen orientierten Tagesablauf. Wölfe, Straßen- und Schensihunde sowie viele der Bauernhunde können uns hier als Vorbilder dienen – sie leben selbstbestimmt.

Vorgestellt: selbstbestimmte Hundeartige

Weltweit leben viele Hunde in unmittelbarer Nähe zum Menschen, meist ohne dass sie jemandem „gehören", nach einem selbstbestimmten Tagesablauf. Was zeichnet diese Hunde aus?

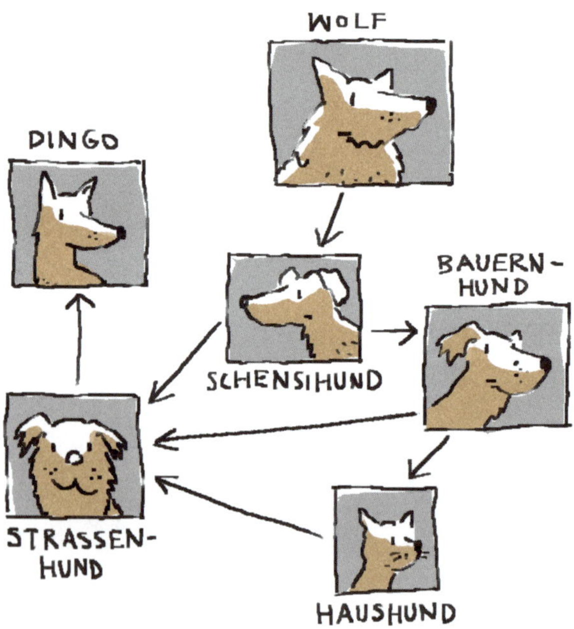

In dem vorangegangenem Kapitel haben wir uns damit beschäftigt, warum ein natürliches, der Art entsprechendes Leben so wichtig für den Hormonhaushalt und das Wohlbefinden eines Hundes ist. Dies ließ den Schluss zu, dass es wichtig ist, das Umfeld und den Tag des Hundes derart zu gestalten, also durch Simulationen einem natürlichen Tagesablauf anzugleichen.

Bevor wir dazu kommen, wie der Tagesablauf unserer Vierbeiner simuliert werden kann, möchte ich Ihnen einige ihrer Artgenossen vorstellen, die ihren Tag selbst gestalten – so, wie es die Umwelt zulässt und wie es ihnen angeboren ist. Übrigens: Die Darstellung der Beziehungen der Hundetypen zueinander in der Illustration links ist mit einem Augenzwinkern zu lesen.

Begriffliches

Die zoologische Einordnung von Wolf und Haushund bereitet uns aus dem Stand sicherlich nicht allzu große Schwierigkeiten (mehr dazu ab Seite 53). Wie passen jedoch beispielsweise der Schensi-, der Straßen- und der Bauernhund ins Bild? Versucht man dann noch den Dingo mit einzuordnen, wird es schon ein wenig komplizierter. Auch die Beantwortung der Fragen, was man unter „Hundeartigen" versteht oder ob mit dem Haushund automatisch unser Familienhund gemeint ist, könnte vielleicht dem einen oder anderen schwerfallen.
Darum stelle ich hier einen ganz groben Abriss der Systematik dar:

- Hundeartige: Sie sind innerhalb der Ordnung der Raubtiere (Carnivora) eine Überfamilie. Zu den Hundeartigen (Canoidea) zählen neben den Hunden (Canidae) beispielsweise auch Bären und Walrosse.
- Hunde: Die zoologische Familie der Hunde (Canidae) umfasst den Fuchs, den Schakal, den Kojoten und den Wolf (*Canis lupus*). Der Wolf wiederum hat 2 Unterarten

ausgebildet, den Haushund (*Canis lupus familiaris*) und den Dingo (*Canis lupus dingo*).

> Haushund: Als Haushunde bezeichnet man zoologisch korrekt alle domestizierten Hunde, zu denen auch Schensihunde gehören und eben unser Familienhund.

Wie diese Begriffe im Buch verwendet werden:
Der Einfachheit halber sind die Bezeichnungen an das Umgangssprachliche angepasst und weichen dementsprechend von der korrekten zoologischen Verwendung etwas ab.

> Hundeartige: Dieser umfasst als Oberbegriff den Wolf, die selbstbestimmten Hunde (Schensi-, Straßen- und Bauernhund) sowie den Haushund.
> Selbstbestimmte Hundeartige: Wenn der Haushund ausdrücklich ausgeschlossen ist.
> Haushund: Dieser Begriff ist im Sinne von Familienhund zu verstehen.

Der Wolf

Der Wolf als „Stammvater" unserer Haushunde zeigt das selbstbestimmte Leben in seiner Urform – und das seit unvorstellbar langer Zeit.

Man geht davon aus, dass es den Wolf in der heutigen Form, mit dem Großteil seiner Unterarten, schon seit ca. 5 Millionen Jahren gibt. 5 Millionen Jahre sind eine lange Zeit für die Existenz einer Art. Den Menschen gibt es in der aktuellen Form erst seit ca. 200.000 Jahren. Und natürlich gab es beim Wolf und beim Menschen schon eine evolutionäre Geschichte, bevor sie sich zu der heutigen Form entwickelt haben. Womit die wölfischen Eigenschaften schon weit mehr als 5 Millionen Jahren das Verhalten der Art bestimmen. Insgesamt kann man den Wolf daher als ein evolutionäres „Erfolgsmodell" bezeichnen. Welches in seiner langen Entwicklungsgeschichte Eigenschaften hervorgebracht hat, die als Grundlage für seine außergewöhnliche Anpassungsfähigkeit an unterschiedlichste Umweltbedingungen zu sehen sind. Ab Seite 48 ist das Wildtier Wolf und seine angeborenen Eigenschaften in aller Ausführlichkeit beschrieben.

Der Wolf ein selbstbestimmter Hund?
Der Wolf ist ein Wildhund, der seinen Tag selbstständig und ohne menschlichen Einfluss gestaltet – ist also eindeutig selbstbestimmt. Von ihm können wir Hundehalter viel für eine natürliche Simulation des Tagesablaufes unserer Vierbeiner lernen.

Der Schensihund

Ebenfalls selbstständig durch den Tag gehen Hunde, die nahezu überall auf der Welt anzutreffen sind: die Schensihunde. Was kennzeichnet diese Hunde?

Der Schensihund ist ein kurzhaariger, häufig sandfarbener bis rötlicher Hundeschlag, der rund um den Erdball, vorwiegend im tropischen bis subtropischen Gürtel, zu finden ist. Insbesondere in Ländern, die sich sozial und wirtschaftlich ähnlich sind und nicht zu den reichen Industrieländern zählen. Ob Afrika, Asien oder Südamerika – in menschlichen Siedlungen mit geringem Einkommen lebt dieser ursprüngliche Hund, der vermutlich im Verhalten der Wolfsunterart, die vor vielen Tausend Jahren am Anfang der Domestikation stand, noch am nächsten steht. Vor allem auch deshalb, weil die Schensihundpopulationen nicht bzw. nur sehr selten durch ausgesetzte oder entlaufene Rassehunde durchmischt werden.

Sie leben mitten unter Menschen, ernähren sich von deren Abfällen, gehören aber zu niemandem. Meist sind sie außerordentlich gut zu Artgenossen sozialisiert und freundlich zurückhaltend gegenüber Menschen. Manchmal teilen sie sich mit mehreren Hunden Schlafgebiete und tolerieren Artgenossen auch an wichtigen Futterplätzen, die für alle genug hergeben. Ernsthaft strukturierte Gruppen findet man aber selten, Streifgänge führen Schensihunde fast immer allein durch. Beobachtet man dabei mal mehrere, sind das oft Muttertiere mit ihrem Nachwuchs oder Geschwister, die sich noch nicht voneinander getrennt haben. Wie diese Schensihunde leben und den Tag verbringen, werden wir zu einem späteren Zeitpunkt genauer betrachten, ab Seite 64.

Was kennzeichnet Schensihunde?
Der Begriff Schensihund wird gern und oft mit Hunden in Verbindung gebracht, die kein Ergebnis der Vermischung anderer Hunderassen sind, sondern eine ursprüngliche Form des Haushundes darstellen. Diese Schensihunde haben keine wirkliche Aufgabe, sie sind einfach da und leben nah beim Menschen.

Der Straßenhund

In vielen Ländern dieser Welt trifft man auf Straßenhunde, die herrenlos durch die Gassen ziehen. Was unterscheidet sie von den Schensihunden?

An dieser Stelle meine ich die Straßenhunde, die in einigen südeuropäischen Ländern leben, heute vor allem aber in Osteuropa. Sicher könnte man auch noch Straßenhunde anderer Länder und Kontinente hinzufügen, vor allem aus Großstädten in Indien und/oder Lateinamerika. Dort mischen sich heute die Straßenhunde teilweise mit Schensihunden, was wiederum eine ganz eigene Betrachtung verdienen würde. Doch lassen Sie uns hier einmal auf die europäischen Straßenhunde eingehen. Selten sind es Abkömmlinge von ausgesetzten Haushunden – neuere Untersuchungen zeigen, dass Straßenhunde eine sehr niedrige erfolgreiche Reproduktionsrate haben. Das heißt, sie bekommen zwar Welpen, diese erreichen allerdings nur selten das Erwachsenenalter. Der „Nachschub“ an Straßenhunden wird immer wieder vom Menschen geliefert – durch aussetzen und abschieben von Hunden …

Die Straßenhunde haben gelernt, sich mit Artgenossen zu arrangieren, sind meist gut sozialisiert und auch freundlich zu Menschen.

Ähnlich wie bei Schensihunden kann man bei Straßenhunden ebenfalls beobachten, dass sie nicht in festen Gruppierungen mit festen Aufgaben etc. zusammenleben. Auch hier werden sich teilweise mit immer den gleichen Individuen Schlafareale oder Futterplätze geteilt und es kommt auch zu Interaktionen. Aus diesem Grund könnte man sicher von Hundegruppen sprechen, wenn man wöllte. Streng hierarchische Gruppen, die auch noch gemeinsam durch die Gegend laufen, sieht man eher selten bis gar nicht. Straßenhunde gestalten ihre Streifgänge und insgesamt die meiste Zeit des Tages eher allein. Wenn man dennoch Gruppen gemeinsam umherziehen sieht, ist oft die Ähnlichkeit der Individuen auffällig. Mit großer Wahrscheinlichkeit handelt es sich hier, wie auch schon bei den Schensihunden beschrieben, um eng verwandte Tiere – Mütter mit ihrem Nachwuchs oder aber Wurfgeschwister. Diese Konstellation lässt sich aber noch seltener beobachten wie bei Schensihunden – was natürlich damit zu tun hat, dass der Reproduktionserfolg bei ausgesetzten Hunden weit geringer ist als bei ursprünglichen Schensihunden. Aber insgesamt kann man immer wieder beobachten und auch festhalten, dass „militärisch geführte“ Hundegruppen oder Meuten nicht beobachtet werden können. Sobald Hunde über ihr Leben frei entscheiden können.

Was kennzeichnet Straßenhunde?
Bei diesen Tieren handelt es sich in der Regel um ausgesetzte oder weggelaufene Haushunde. Straßenhunde ernähren sich vornehmlich von Abfällen des Menschen, in dessen unmittelbarer Nähe sie auch leben.

Der Bauernhund

Rund um die Erdkugel leben Hunde auf Bauernhöfen. Manche von ihnen haben einen Job zu erledigen, aber die anderen? Gestalten sie tatsächlich ihren Tagesablauf selbst? Eine interessante Frage …

Der Bauernhund wacht wie der klassische Hofhund und trägt ggf. auch seinen Teil dazu bei, Ratten- und Mäusepopulationen auf dem Hofgelände in überschaubarer Größe zu halten. Aber im Grunde ist er nicht spezialisiert – also eher ein Hofhund, der sich frei auf dem Hofgelände bewegen kann. Diese Hunde fand und findet man überall auf der Welt. In Mitteleuropa allerdings immer seltener …

Als Bauernhunde möchte ich hier also Hunde beschreiben, die auf landwirtschaftlichen Betrieben leben, in der Regel dort aber nicht als direkte Arbeitshunde (z. B. Hütehunde) gehalten werden.

Natürlich gibt es diverse kleine Unterschiede in der Umwelt der Bauernhunde, beispielsweise im Vergleich des indischen Bauernhundes zu dem amerikanischen Ranchhund. Dem wird im Folgenden Rechnung getragen.

Indischer Bauernhund

In Indien leben unglaublich viele Menschen. Selbst auf dem Land, in vermeintlich kleineren Orten, trifft man überall auf ein Gewusel aus Menschen. Und auf ein ebenso unübersichtliches Gewirr aus Tieren, die auf den Straßen leben – mal herrenlos, mal nicht. Kühe, Hühner, Ziegen, Schafe und Hunde sind allgegenwärtig. So lässt sich das Leben der indischen Bauernhunde nicht erklären, ohne einen Blick auf das der Straßenhunde zu werfen.

Die Straßenhunde in Indien sind, im Gegensatz zu ihren streunenden Artgenossen in Europa, nicht mehrheitlich ausgesetzte Seelen. Zwar kommt das vor, allerdings hat sich die Straßenhundepopulation insgesamt aus diversen Hundeschlägen gebildet. Auch die ursprünglichen, bereits angesprochenen Schensihunde sind ein genetischer Bestandteil der indischen Hundepopulationen. In der Vergangenheit wurde dieser allerdings stark durch Rassehunde verwässert, vor allem durch englische Rassen. Dies lässt sich auf die englische Besatzung Indiens als Kolonie zurückführen und auf die heutige Mitgliedschaft im Commonwealth. Straßenhunde in Indien kann man somit als eine Mischpopulation aus Rassehunden und ursprünglichen Hunden ansehen. Anders als

Was kennzeichnet indische Bauernhunde?
Allgemein sind in Indien sehr viele Hunde anzutreffen, die zwar eng beieinander leben, dennoch mehr oder weniger allein für sich verantwortlich sind. Das Leben des Bauernhundes unterscheidet sich kaum von dem des Straßenhundes – nur dass er ein Halsband trägt, ein Zuhause hat und dort auch mit Nahrung versorgt wird.

europäische Straßenhunde sind diese Hunde aber durchaus in der Lage, erfolgreich Nachwuchs großzuziehen.

Das Leben der indischen Straßenhunde ist dem der europäischen, die meist als Haushunde geboren wurden, sehr ähnlich oder auch dem der afrikanischen, die so ursprünglich leben wie sie zur Welt kommen. Indische Straßenhunde zeigen ebenfalls keine Neigung dazu, in „Meuten" durch die Gegend zu ziehen, auch sie gruppieren sich ohne großen Individualkontakt an Futter- bzw. Schlafplätzen und gestalten die Tage weitgehend allein. Außer, wie auch bei ihren weltweiten Artgenossen schon festgestellt, wenn es Mütter mit Nachwuchs oder Wurfgeschwister sind. Zeitweise, aber selten über einen langen Zeitraum, bilden diese Familiengruppen – also Rudel im klassischen Sinn.

Wie kann man die Bauernhunde von ihnen unterscheiden? Nun, die Bauernhunde tragen meist ein Halsband. Nein, nicht zum Anleinen, sondern um sie zu kennzeichnen, dass sie jemandem gehören und nicht herrenlos sind. Denn bei allen Mythen um die indische Tierfreundlichkeit: In einigen Städten und Bezirken gibt es durchaus „Säuberungsaktionen", um die Populationszahlen zu verkleinern. Hunde mit Halsband sind davor aber sicher und können immer wieder zu ihrem Hof zurückkehren – von dem sie sich allerdings auch nicht weit entfernen. Straßenhunde hingegen ziehen sich immer wieder an Plätze mit anderen Artgenossen zurück, um dort zu schlafen und zu ruhen. Die Aufmerksamkeit der anderen Hunde scheint ein gewisses Sicherheitsbedürfnis des Einzelnen zu decken. Die Hunde ruhen an gemeinsamen Plätzen, große Sozialinteraktionen bleiben aber weitgehend aus. Bauernhunde sind in der komfortablen Situation, dass ihr Sicherheitsbedürfnis auf dem Hof, in der Nähe ihrer Menschen, befriedigt wird.

Als interessante Beobachtung sollte man vielleicht an dieser Stelle noch erwähnen, dass alle Hunde in Indien, ob Streuner oder Bauernhund mit „festem Wohnsitz", zwar nah beieinander leben, dennoch ihre Kernterritorien anscheinend sehr ernst nehmen. So konnte ich beobachten, dass Bauernhunde keine fremden Hunde auf ihrem Territorium duldeten, einige hundert Meter entfernt davon aber friedlich an diesen vorbeigingen. Ähnliches konnte man an den Ruheplätzen der Straßenhunde beobachten. Feste Bewohner der Ruheplätze vertreiben Fremde häufig, begegnen diesen an neutralen Plätzen aber meist friedlich bis ignorant.

Massaihund

Im afrikanischen Tansania findet man fast überall die sehr ursprünglichen Schensihunde. Es ist zwar immer der gleiche Hundeschlag, ernsthafte Rasseunterschiede gibt es nicht, aber dennoch gibt es auch dort Unterschiede, in welchem Verhältnis die Hunde zum Menschen stehen. Während viele Hunde auf der Straße leben, von Menschen geduldet und auch mehr oder weniger gefördert werden, leben z. B. bei dem sehr ursprünglichen Bauern- bzw. Hirtenvolk der Massai Hunde in deren Siedlungen. Diese Siedlungen bestehen aus einigen Familien mit ihren Nutztieren – sind also durchaus als landwirtschaftliche Betriebe zu sehen, als Bauernhöfe. Hunde gehören zu den Siedlungen und sind selbstverständlicher Bestandteil. Da

Was kennzeichnet Massaihunde?
Insgesamt leben die Massaihunde ein freies Leben nach eigenen Regeln. Nach Aussage der Massai werden sie in keinster Weise erzogen bzw. ausgebildet. Sie sind einfach da und bereiten aber auch keine Probleme.

Massai heute noch nah an und teilweise sogar in den Nationalparks siedeln und leben, sind sie oft von Wildtieren umgeben. Natürlich auch von Löwen oder Leoparden, die die Rinder und Ziegen des Bauernvolks bedrohen könnten. Zwar werden diese in der Nacht zwischen den Hütten der Menschen gehalten – in Pferchen, die mit Holz von Dornenbüschen umgeben sind. Diese bieten zwar einen gewissen Schutz, die Hunde schlagen jedoch zusätzlich Alarm, wenn sich Gefahr nähert. Mehr aktive Aufgaben konnte ich bei den Hunden der Massai nicht entdecken. Sie lebten eigentlich den ganzen Tag ohne große Aktionen vor sich hin, einige begleiteten die Männer dabei, wenn diese die Rinder rund Ziegen auf die Tagesweiden trieben. Allerdings in keinerlei hütender Funktion, sondern auch hier maximal als Wächter.

Ranchhund

In Nordamerika versteht man unter Ranch im Allgemeinen einen landwirtschaftlichen Betrieb, der sich fast ausschließlich auf Rinderhaltung und Rinderzucht auf großen, offenen Weiden spezialisiert hat. Die Ranchgebäude, der Hof an sich, befindet sich meist inmitten jener Weiden. Ich habe viele Ranches in Nordamerika besucht – und fast alle dieser großen Betriebe hatten einen oder mehrere

Hunde. Einige Rancher halten sich spezielle Treib- und Hütehunde (z. B. Cattle Dogs, Border Collies), die bei Umtrieben von Rindern von Weiden zu anderen Weiden ihre Dienste verrichten. Interessant in dem Zusammenhang ist, dass mir viele Rancher auf meine Frage nach der Ausbildung der Hunde oft geantwortet haben, dass junge Hunde die Treibarbeit hauptsächlich durch Beobachtung von älteren und erfahrenen Hunden lernen würden. Den ein oder anderen „Befehl" bekämen sie schon beigebracht, allerdings habe man für ausgiebiges Training kaum Zeit in einem solchen Betrieb.

Aber längst nicht auf allen Ranches leben Treib- und Hütehunde, oftmals sind es Hunde unterschiedlichster Rassen – meist mit der „Hauptfunktion", zu melden, wenn sich irgendetwas Ungewöhnliches dem zentralen Ranchgelände nähert. Diese Hunde sind auf Ranches zwar ebenfalls manchmal im Arbeitseinsatz, haben aber oft lange Zeiten der Ruhe und Pause dazwischen, wie alle Ranchhunde. Gerade bei Border Collies konnte ich oft erkennen, dass diese auf Ranches meist wesentlich entspannter waren, als Vertreter dieser Rasse, die in Deutschland übermäßig viel „bespaßt" werden und keine entsprechenden Ruhezeiten zur Regeneration des „Nervenkostüms" mehr bekommen.

Was kennzeichnet Ranchhunde?
Die weitaus meisten Hunde auf Ranches, die ich mir angeschaut hatte, lebten relativ frei auf dem großen Gelände, gestalteten ihre Tage fast vollkommen selbstständig, kamen aber immer rechtzeitig zum Fressen wieder nach Hause. Übrigens auch die Cattle Dogs oder Border Collies, wenn keine Rinder getrieben wurden.

Insgesamt habe ich bei vielen Ranchbesuchen Hunde kennengelernt, die viel Zeit des Tages selbst gestalten – und sich diese Tagesgestaltung nicht wesentlich von der von Straßenhunden, Massaihunden oder anderen Bauernhunden weltweit unterscheidet. Zudem leben nicht selten mehrere Hunde auf Ranches – interessant ist dabei zu beobachten, dass diese, ähnlich wie Straßenhunde, nicht ständig gemeinsam über das Hofgelände bzw. über aus angrenzende Offenland streifen. Meist gehen auch diese Hunde allein „auf Streife“, man merkt ihnen aber bei Interaktionen mit Artgenossen, die mit auf dem gleichen Hof leben, deutlich an, dass sie zusammengehören.

So kann man bei Ranchhunden festhalten: Eine soziale Interaktion findet zwischen den Hunden statt, den größten Teil des Tages gestalten sie aber eher allein oder mit oder bzw. bei Menschen.

Bauernhunde weltweit

Ob indischer Bauernhund, Massaihund oder Ranchhund in Nordamerika – oder auch Herdenschutzhund in Anatolien – wo Menschen leben und wo sie Land bestellen oder Nutztiere halten, immer sind Hunde dabei. Landwirtschaftliche Betriebe kann man sich ohne Hunde gar nicht vorstellen. Und tatsächlich wurden Menschen erst sesshaft und betrieben Landwirtschaft, als sich der Hund ihnen angeschlossen hatte. War der Hund vorher hauptsächlich bei der Jagd nützlich, passte er sich gemeinsam mit dem Menschen dem Leben als Ackerbauer und Viehzüchter an. Doch trotz diverser, auch sehr unterschiedlicher Eigenschaften (Treiber, Hofwächter, Herdenbeschützer), wird der Großteil des Tages nach ähnlichem Muster von allen Bauerhunden weltweit ähnlich gestaltet. Auch der Herdenschutzhund in Anatolien steht nicht 24 Stunden neben seiner Herde und beäugt jeden Ast argwöhnisch, der sich im Wind bewegt. Im Grunde leben Herdenschutzhunde einfach unter den Nutztieren. Allein das schreckt Beutegreifer wie Wölfe oder Bären schon ab. Sicher ist der Herdenschutzhund aufmerksam und kann im Notfall auch seine wehrhaften Fähigkeiten einsetzen, aber im Grunde lebt auch er ein recht selbst- und freigestaltetes Leben. Wie viele Bauernhunde weltweit – die uns ein Beispiel liefern können, wie ein Hundealltag aussehen kann.

Ausklammern sollte und muss man an dieser Stelle natürlich das Leben von Kettenhunden oder Hunden mit fast ausschließlicher Haltung in kleinen Zwingern. Das hat nirgendwo auf der Welt seine Berechtigung und entspricht in keiner Weise einer hundegerechten Haltung. Aber auch das gibt es – inzwischen zwar seltener in Deutschland – aber weltweit noch viel zu häufig.

Der Dingo

Er ist weder ein Wildtier noch ein Haustier. Aber was ist der Dingo dann? Lesen Sie hier seine spannende Entwicklungsgeschichte.

Auf den vorherigen Seiten habe ich kurz den Wolf als Wildtier und speziell die Hunde vorgestellt, die weitgehend selbstständig ihr Leben und ihren Alltag gestalten können. Also selbstbestimmte Hundeartige, die zwar entweder in direkter menschlicher Zuordnung leben, aber auch Hunde, die nur nah bei oder unter Menschen leben, aber auf jeden Fall an menschliche Umwelt angepasst sind und auch davon profitieren.

Scheinbar gibt es demnach die Wildform und die an den menschlichen Lebensraum angepasste Hausform. Es gibt aber noch eine weitere Form des Wolfes, die keine reine Wildform ist, allerdings auch nicht beim oder vom Menschen lebt. Am Anfang des Buches habe ich bereits von den sogenannten Pariahunden berichtet, s. Seite 9. Hunde, die sich die Nische zwischen menschlichen Siedlungen und offener Natur zu Nutze machen. Diese Hunde sind nur noch indirekt vom Menschen abhängig, aber dennoch sind sie nicht fähig, sich vollkommen ohne die Nähe menschlichen Lebensraums in der Wildnis gegen andere Beutegreifer zu behaupten.

Einen weiteren Schritt zurück vom Haustier zum Wildtier hat der Dingo hinter sich.

Was kennzeichnet Dingos?
Dingos sind keine vom menschlichen Lebensraum abhängige, domestizierte Tiere mehr. Sie sind aber auch noch keine echten Wildtiere. Man ordnet sie bei den sogenannten Wildlingen ein.

Wildlinge

Domestikation bedeutet, dass sich Wildtiere von ihrer ursprünglichen Form entfernen, sowohl physisch als auch psychisch, und sich dem Lebensraum Mensch anpassen oder angepasst werden. Aber gibt es auch einen Weg zurück? Den Weg, vom domestizierten Tier zurück zur Urform? Sicherlich gibt es Haustiere, die sich der menschlichen Obhut entziehen und mehr oder weniger erfolgreich in der „freien" Wildbahn überleben – aber das ist hier nicht gemeint.

Ja, es kann sich aus den Haustieren auch wieder ein Wildtier oder eine Form von Wildtier entwickeln. Während es für die Domestikation eines Wildtieres nur wenige Generationen braucht, benötigen die Haustiere für die Rückentwicklung aber eine unglaublich lange Zeit. So lebt der australische Dingo bereits seit 4000 bis 6000 Jahren nicht mehr im von Menschen geförderten Umfeld, weist aber immer noch eindeutige Merkmale eines domestizier-

ten Tieres auf. So ist seine Gehirnmasse immer noch deutlich geringer als diejenige seines Stammvaters Wolf und seine Scheu vor Menschen ist ebenfalls nicht annähernd so gravierend wie beim Wolf. Das Merkmal der gesteigerten Fortpflanzungsfähigkeit domestizierter Tiere zeigt sich beim Dingo in der Form, dass Dingo-Weibchen wie Hündinnen zweimal im Jahr läufig werden, eine dieser Läufigkeiten jedoch „trocken" ist, das heißt nicht zur Fortpflanzung führen kann. Dadurch können Dingos nur einmal im Jahr Nachwuchs bekommen – wie der Wolf. Man sieht aber, der Dingo ist nach vielen Tausenden von Jahren ohne menschliche Förderung und eines Lebens in der Wildnis immer noch kein Wolf. Er zeigt noch deutliche Merkmale eines domestizierten Tieres.

Dingos sind demnach wild lebende Tiere, jedoch keine Wildtiere oder Wildhunde im klassischen Sinn. Tiere, die praktisch auf dem Weg zurück zu ihrer Urform oder auf dem Weg zu einer anderen Wildtierform sind, nennt man Wildlinge.

Familiengruppen

Der Dingo lebt überall auf dem australischen Kontinent und ist dabei nicht besonders wählerisch, was die Wahl des Ortes angeht. Sowohl in Wäldern und im Grasland als auch in den Wüsten des australischen Outbacks sowie auf manchen Inseln Australiens ist er zu finden.

Bevor die Europäer Australien entdeckten, lebten Dingos vor allem von der Jagd auf Kängurus und Wombats. Darüber hinaus wurden auch andere Beuteltiere, Vögel, Echsen, Insekten, Eier und auch Aas gefressen.

Durch die weißen Siedler und ihre mitgebrachten Tiere änderte sich der Speiseplan. Heute sind die eingeschleppten Wildkaninchen wohl die Hauptbeute der Dingos, und die anstrengendere Jagd auf Kängurus wird nur noch gelegentlich gewagt. Außerdem kommt es manchmal vor, dass Dingos Schafe reißen, was ihnen die Feindschaft der Farmer eingebracht hat. Bisweilen gehen sie auch an Aas, und in der Nähe menschlicher Siedlungen an Abfalltonnen.

Die Paarungszeit fällt in den Herbst oder Winter. Nach etwa zwei Monaten Tragzeit werden die drei bis höchstens acht Jungen an einem geschützten Ort versteckt, manchmal in einer Felsspalte, oft in einer selbstgegrabenen oder vergrößerten Höhle anderer Tiere. Beide Eltern helfen bei der Aufzucht. Als Übergang vom Säugen zum Fressen von fester Nahrung werden die Jungen mit heraufgewürgtem Futter versorgt. Später wird ihnen tote Beute ins Versteck gebracht, und bald dürfen sie mit auf Beutefang. Mit vier oder fünf Monaten wird der Nachwuchs selbstständig, darf aber noch bis zum Ende des ersten Lebensjahres mit den Eltern jagen – danach trennen sich die Wege der Familien. Auch beim Dingo kann man keine großen, hierarchisch strukturierte Gruppen oder Meuten ausmachen. Familienverbände kennzeichnen das Sozialleben der Dingos.

Angeboren und angepasst

Hunde haben angeborene Bedürfnisse und Verhaltensweisen, können ihr Verhalten jedoch gut an ihre Umwelt anpassen. Welche gehen auf den Urahn Wolf zurück, welche sind angeboren und welche angepasst?

Die biologische Herkunft des Haushundes

Die menschliche Gesellschaft ist heute ohne unsere Hunde nicht mehr denkbar. Aber wie haben sie sich stammesgeschichtlich entwickelt? Und wie fanden Mensch und Hund zusammen?

Das Wildtier Wolf

Dass das Haustier Hund aus dem Wildtier Wolf hervorgegangen ist, gilt heute als wissenschaftlich belegte Tatsache. Nur von welcher Unterart des Wolfes der Hund letztlich abstammt und wann bzw. wo die Entwicklung vom Wildtier zum Haustier begann, ist noch immer nicht abschließend geklärt. Eine Studie der finnischen Universität Turku aus dem Jahr 2013 geht allerdings inzwischen davon aus, dass der Hund von einer europäischen, inzwischen ausgestobenen Unterart des heutigen Wolfs abstammt. Der Weg vom Wolf zum Haushund begann also in Europa.

Familie als Grundlage

Wölfe, und viele andere Vertreter der Tierfamilie der Hundeartigen, leben in ihrer sozialen Grundausrichtung in Familienverbänden. Das heißt, unter normalen Umständen schließt sich ein erwachsenes männliches Tier mit einem weiblichen Wolf zusammen.

Dieses Paar lebt meist monogam in einer Beziehung und bekommt jährlich Nachwuchs. Der Nachwuchs verlässt die Eltern, die gemeinsam für die Aufzucht sorgen, wenn die Geschlechtsreife eintritt und außerhalb des Familienreviers eigene Partner gesucht werden. Die Zeit von der Geburt bis zur Geschlechtsreife dauert bei Wölfen so lange, dass jugendliche Wölfe ein Jahr nach ihrer Geburt noch bei den Eltern sein können, um bei der Aufzucht ihrer Geschwister im aktuellen Jahr zu helfen. Eltern mit Welpen und jugendlichem Nachwuchs aus dem Vorjahr – das ist die Konstellation von Wolfsgruppierungen, wie sie häufig vorgefunden wird und die man inzwischen als soziale Grundstruktur von Wölfen ansieht. Da Wölfe Lebewesen sind, die sich schnell und effektiv an veränderte Umweltbedingungen anpassen können, gibt es in seltener belegten Fällen auch Abweichungen vom sozialen Grundmuster.

Anpassung an andere Arten

Wölfe neigen nach heutigen Erkenntnissen aber keinesfalls zur Bildung von Rudeln, die sich aus nicht verwandten Individuen zusammensetzen und strenge Hierarchien etablieren. Der Wolf als biologische Herkunft des Hundes ist also kein streng hierarchisches Wesen, sondern eher

ein familienorientiertes, soziales Lebewesen mit hoher Anpassungsfähigkeit. Interessant in dem Zusammenhang ist die soziale Anpassungsfähigkeit von vielen Hundeartigen, also auch dem Wolf, an andere Arten. So wurde beobachtet, dass Füchse als Wildhundart soziale Gemeinschaften mit Dachsen oder sogar Kaninchen bilden. Was auf den ersten Blick paradox klingen mag, hat pragmatische Gründe. Füchse nutzen die Bauanlagen der Kaninchen und brauchen selbst nicht zu graben, die Kaninchen haben mit dem Fuchs einen eigenen „Wachhund", der sie vor anderen Feinden beschützt. Die Kaninchen im sozialen Umfeld der Fuchsfamilie haben von ihr nichts zu befürchten, während andere Kaninchen als Nahrung dienen. Solche und ähnliche soziale Gruppierungen findet man im Zusammenhang mit Hundeartigen immer wieder. So wurden Wölfe beobachtet, die mit immer gleichen Rabenfamilien einen engen sozialen Kontakt hatten oder Jungwölfe, die Raben sogar ins Spiel mit einbezogen. Auch hier war und ist wieder der gegenseitige Nutzen die Triebfeder der überartlichen sozialen Gemeinschaft. Raben können Wolfsfamilien vor sich nähernden Gefahren warnen, während die Raben von den Wolfsrissen profitieren und die Reste verzehren können. Es gibt weitere Beispiele von Hundeartigen, z. B. folgen Kojoten in Nordamerika manchmal Dachsen, um von diesen aufgebrachte Nagetiere abzustauben.

Hundeartige sind also anpassungsfähig, sozial und vor allem sozial anpassungsfähig. Zudem sind speziell Wölfe in erster Linie ausdauernde Jäger, die sich allerdings auch aufgrund ihrer Familienstruktur als sehr wachsam erweisen. Sozial, anpassungsfähig, Jäger und wachsam – das sind spezielle Merkmale des Wolfes – dem Vorfahr unserer Hunde.

Vom Wolf zum Haushund

Der Wolf gilt unbestritten als Vorfahr unserer Hunde. Doch was machte den Wolf als Haus- bzw. Nutztier für den Menschen so interessant?

Wie bereits erwähnt, wurden Hunde nach aktuellen Erkenntnissen in Europa domestiziert. Das heißt, dort begann ihre Wandlung vom Wildtier zum Haustier. Haustiere sind dadurch gekennzeichnet, dass ihre Existenz mehr oder weniger stark an den Lebensraum beim Menschen angepasst ist oder vom Menschen durch gezielte Selektion und Zucht daran angepasst wurde. Zu unterschiedlichen Zwecken: Einige Tiere mussten nur mit ihrer Arbeitskraft herhalten, andere dienten als Fleisch-, Woll-, oder Lederlieferanten. Der Mensch nutzte und „benutzte" Tiere zur Deckung seiner eigenen Bedürfnisse – bis heute.

Vielfältige Fähigkeiten des Haushundes

Auch der Hund wurde und wird zum Teil und in unterschiedlichen Regionen der Erde als Nutztier gehalten, allerdings nur begrenzt. Hunde als Fleischlieferanten sind von daher nicht für die menschliche Versorgung „logisch", weil alles was ein Hund verzehrt auch vom Menschen verdaut werden kann und somit der Umweg über den Hund zu Ressourcenverlusten führen würde. Hunde wurden und werden daher nur aus kulturellen Gründen oder in Notsituationen als Nahrung betrachtet.

Der Mensch hat sich die Fähigkeiten des Hundes in vielen anderen Bereichen zu Nutze gemacht. Der Vorfahr der Hunde, der Wolf, ist ein ausdauernder Beutegreifer, mit ausgezeichneten Sinnen, einer robusten Physiologie und vor allem mit der außergewöhnlichen sozialen Fähigkeit ausgestattet, sich an unterschiedliche Arten und soziale Gegebenheiten anzupassen – wie schon erwähnt, bilden Hundeartige auffällig oft soziale Gemeinschaften mit artfremden Lebewesen.

Zufällige Domestikation?

Man weiß es zwar nicht genau, aber vermutlich war genau diese Fähigkeit der Grundstein für die enge Beziehungsgeschichte von Menschen und Hunden über viele Jahrtausende. Heute geht man davon aus, dass Wölfe und Menschen zu Beginn der Domestikation wohl eher zufällig, oder aufgrund von begrenztem gegenseitigen Nutzen nah beieinander lebten. Einige Wolfsindividuen, die nicht so scheu wie ihre Artgenossen waren, hielten sich in der Nähe menschlicher Siedlungen auf, um hier und da Nahrungsreste abzustauben. Die Menschen tolerierten dies oder förderten es sogar, weil die Wölfe mit ihren gut ausgeprägten Sinnen auch vor nahenden großen Beutegreifern und menschlichen Feinden warnen konnten. Also ein gegenseitiger Nutzen. Der Annäherungsprozess begann und der Wolf wurde zum Hund und zum ersten domestizierten Tier. Zumindest ist das die heute gängige Theorie. Vermutlich erst viel später waren die Menschen dann kognitiv in der Lage, die Eigenschaften der Wölfe, bzw. der frühen domestizierten Hunde, gezielt zu fördern – gezielt zu selektieren.

Der Weg vom Wildtier zum Haushund begann also mit großer Wahrscheinlichkeit aufgrund der außergewöhnlichen Anpassungsfähigkeiten von Menschen und Hunden im Bezug auf soziale Umstände und im Bezug auf andere Arten.

Wolf und Haushund heute – ein Vergleich

Trotz enger Verwandtschaft gibt es neben vielen Gemeinsamkeiten aber auch ebenso viele Unterschiede beider Tiere. Welche das sind, erfahren Sie hier.

Seit Wölfe und Menschen sich angenähert haben, hat sich vor allem der Wolf stark verändert: Es entwickelte sich faktisch eine Unterart, die sich an den Lebensraum Mensch angepasst hat.

Der Weg vom Wolf zum Haushund hat allerdings nicht alle Eigenschaften des Wolfes vollkommen ausgelöscht.

Bevor wir uns über die Gemeinsamkeiten bzw. Unterschieden beider Tiere Gedanken machen, ist es im ersten Schritt sinnvoll zu schauen, wie der Hund und der Wolf derzeit zoologisch eingeordnet werden.

Klassifizierung

Der schwedische Naturforscher Carl von Linné (1707–1778) gilt als der Begründer der Systematik und teilte 1758 Wölfe und Hunde in zwei verschiedene Arten: *Canis Lupus* für den Wolf und *Canis familiaris* für den Haushund. Wenn man auch heute immer wieder liest und hört, dass der Hund laut wissenschaftlicher Klassifizierungen eine eigenständige Art bildet, ist das gerade wohl auf diese von Linné begründete Systematik zurückzuführen.

Heute gilt es allerdings aufgrund von Körpermerkmalen, dem Verhalten und vor allem der Genetik als erwiesen, dass alle Haushunde vom Wolf abstammen, vermutlich von einer europäischen Unterart des *Canis lupus*. Die

heutige wissenschaftliche Bezeichnung für den Hund lautet „*Canis lupus familiaris*" – somit gehören alle Hunde zur Spezies Lupus (Wolf) und darin zur Unterart „*familiaris*". Den wissenschaftlichen Namen „*Canis lupus familiaris*" könnte man daher so übersetzen: „Wolf, an den Menschen angepasste Hausform".

Erst 1993 wurde dieser Fehler korrigiert: In diesem Jahr wurde die neue, korrigierte Klassifizierung in „Mammal Species of the World" aufgenommen, dem Referenzwerk des „Smithsonian Instituts" zur Klassifizierung der Säugetiere dieser Welt. Dieses Werk wird in Zusammenarbeit mit der American Society of Mammalogists und der International Commission on Zoological Nomenclature erarbeitet und herausgebracht.

Gemeinsamkeiten von Wolf und Haushund

Auf dem Weg vom Wolf zum Haushund wurden nicht alle Eigenschaften des Wolfes vollkommen ausgelöscht. Bei allen Unterschieden gibt es immer noch viele grundsätzliche Eigenschaften, die beide miteinander teilen.

Identische grundlegende Eigenschaften

Obwohl einzelne Eigenschaften rassespezifisch verstärkt wurden und andere eben weniger stark anzutreffen sind, gibt es grundlegende Eigenschaften, die Hunde aller Rassen gemeinsam haben und auch Hunde im Vergleich zu Wölfen.

Zu nennen ist da zunächst einmal die grundsätzliche Bereitschaft, **mit anderen Arten** relativ nah beieinander zu leben, s. Seite 49. Wölfe haben manchmal Raben in ihrem Umfeld, Hunde leben mit Menschen zusammen und/oder mit Hühnern, Katzen, Meerschweinchen, ...

Eine weitere Gemeinsamkeit von Wölfen und Hunden ist, dass sie insgesamt nicht den ganzen Tag mit Futterbeschaffung beschäftigt sind und sie viel Zeit des Tags einfach „vertrödeln", vor sich hin dösen oder auch sehr viel schlafen.

Individuell ist das **Schlafbedürfnis** von Hunden wie Wölfen zwar etwas unterschiedlich, allerdings ist es bei beiden aber signifikant höher einzuschätzen, als wir Menschen es glauben mögen. Und weil wir es als Menschen nicht richtig einschätzen, müssen Hunde leider viel zu oft, viel zu viel Action in ihrem Leben durchstehen und das Ruhebedürfnis kommt zu kurz. Ein fataler Fehler, der meiner Meinung nach heute für den Großteil der Probleme mit Hunden in Industrieländern verantwortlich ist.

Zudem sind Hunde und Wölfe **territoriale Lebewesen**, auch wenn die Territorialität bei den einzelnen Hunderassen unterschiedlich selektiert wurde. Aber im Grunde ist Territorialität in jedem Hund, und jedem Wolf, verankert – ein festes und bekanntes Territorium sorgt für Sicherheit. Und sich sicher zu fühlen ist ebenfalls ein Bedürfnis, welches bei Wölfen und Hunden stark ausgeprägt ist.

Insgesamt kann man festhalten, dass grundlegende Eigenschaften wie soziale Anpassungsfähigkeit, die soziale Grundstruktur nicht (!) in strengen Hierarchien zu leben, die Anpassungsfähigkeit an Umweltbedingungen, die Territorialität und z. B. das große Ruhebedürfnis Wolf und Haushund einen.

Von Menschen selektierte Eigenschaften

Einige Eigenschaften wurden bei bestimmten Rassen sogar gezielt verstärkt, weil sie Menschen von Nutzen sein konnten: Jagdverhalten bei Jagdhunden, Wachsamkeit, Territorialität usw. Meist wurden die Eigenschaften unterschiedlich verstärkt selektiert oder teilweise sogar gehemmt. Der Spitz ist ein gutes Beispiel: Dieser sehr alte und ursprüngliche Hundeschlag wurde in erster Linie so selektiert, dass er früher Haus und Hof als „lebende Alarmanlage" schützte. Dabei wurde besonders die Fähigkeit des Meldens gewünscht – selbstständig Feinde auch noch vertreiben, das überlassen Spitze gern anderen. Spitze sind Wächter, aber das Jagdverhalten beschränkt sich auf Mäuse und Kleintiere, die in ihrem direkten Umfeld auftauchen. Größere Jagdausflüge, weit weg von ihrem Kernrevier oder ihrem Menschen, unternehmen die meisten Spitze eher selten. Bei Spitzen ist die Territorialität stark ausgeprägt, das Jagdverhalten meist eher überschaubar. Bei vielen Jagdhunderassen ist genau das umgekehrt ...

Unterschiede zwischen Wolf und Haushund

Obwohl Wolf und Hund wissenschaftlich nicht in unterschiedliche Arten getrennt sind, gibt es in verschiedenen Bereichen große Unterschiede, die die Anpassung an den „Lebensraum Mensch" mit sich gebracht haben.

Sind pauschale Unterscheidungen möglich?

Pauschal allgemeingültige Unterschiede zu benennen, ist nicht möglich: Wenn man unbedingt Vergleiche zwischen Wölfen und Hunden darstellen möchte, müsste man jede einzelne Hunderasse in den Vergleich einbeziehen. So sind sich im Gesamtverhalten sowie den physischen Eigenschaften ein nordischer Wolf und ein nordischer Hund (Samojede, Husky) sicherlich näher, als sich ein Mops und eben ein solch nordischer Hund es sind. Der nordische Hund und der Mops teilen allerdings die Gemeinsamkeit, Menschen besser zu verstehen und einschätzen zu können. Es ist daher fragwürdig, immer nur pauschal „den“ Wolf mit „dem“ Hund zu vergleichen. Zumal es nicht nur innerhalb der Hunde, der Hunderassen und Schläge, starke Unterschiede gibt. Auch Wölfe selbst zeigen innerhalb der verschiedenen Unterarten teilweise erhebliche Unterschiede – in der Optik, aber auch im Verhalten. Als Extrembeispiele kann man da weiße Arktische Wölfe anführen, die sich in Körpergröße, Fellfarbe und -struktur an das Nahrungsangebot (große Huftiere) und das raue arktische Klima angepasst haben. Zudem jagen sie häufig kooperativ mit dem gesamten Familienverband. Arabische Wölfe, die in heißen Wüstengebieten leben und sich eher von kleinen Säugetieren ernähren, sind recht klein mit kurzem, rötlichem Fell. Auf die Jagd gehen sie meist allein. Zwischen diesen beiden Unterarten des Wolfs gibt es noch eine Reihe anderer Unterarten, die jeweils mit Optik und Verhalten an ihren jeweiligen Lebensraum angepasst sind.

Es gibt also viele Wolfsunterarten mit Eigenschaften, die dem jeweiligen Lebensraum geschuldet sind. Alle diese Unterarten haben im Vergleich gewisse Ähnlichkeiten miteinander, weisen aber auch Unterschiede auf. Genau wie die Unterart Haushund, die in sich noch größere Unterschiede aufweist: Wie erwähnt – ein Arktischer Wolf und ein Samojede sind sich näher als ein Samojede und ein Mops …

Einige grundlegende Unterschiede

Pauschale Unterscheidungen in Bezug auf Wölfe und Hunde sind demnach nicht gefragt. Einige grundsätzliche Unterschiede kann man an dieser Stelle dennoch aufzeigen.

1. Hunde schließen sich Menschen lieber an als Artgenossen. So sind alle Hunde durch die lange Zeit der Domestikation, der langen Zeit an der Seite des Menschen oder innerhalb des vom Menschen gestalteten Lebensraums zu einem besonderen Partner der Menschen geworden. Die Beziehung zwischen Mensch und Hund ist eine ganz spezielle. Eine Beziehung, bei der der Hund den Menschen sicher nicht als Artgenossen sieht, sondern genau weiß, dass er es mit einem anderen Lebewesen zu tun hat. Allerdings einem Lebewesen, dessen Nähe er offensichtlich mehr schätzt, als die Nähe von Artgenossen. So wurde und wird an verschiedenen Orten der Welt durch Forschung, aber auch durch Beobachtungen im privaten Umfeld, immer wieder beschrieben, dass Hunde sich eher und lieber Menschen anschließen, als unbekannten Artgenossen. Wölfe dagegen schließen sich Menschen nur sehr selten freiwillig an – im Gegenteil.

Wölfe haben im Allgemeinen eine angeborene Scheu vor dem Menschen. Hunde hingegen fühlen sich zu Menschen von Geburt an hingezogen.

2. Hunde „verstehen" Menschen. Ein weiterer großer Unterschied zwischen Hunden und Wölfen ist die Fähigkeit von Hunden, menschliche Gestik und Körpersprache ohne Training und Übung zu verstehen. Zu erwähnen sind da die menschlichen Hinweise durch Blickrichtung oder Fingerzeig, die Hunde verstehen und interpretieren können, ohne dies beigebracht bekommen zu haben. Wölfen muss man erst lehren, was man damit meint.

3. Veränderte Eigenschaften beim Hund. Bei vielen Hunden sind zudem die teilweise verstärkten Eigenschaften, die der Mensch zu seinem Nutzen selektiert und spezielle Rassen kreiert hat, beim Wolf „nur" in natürlicher Ausprägung vorhanden. Als Beispiel kann man hier das Jagdverhalten aufführen. Während einige Jagdhunderassen wirklich allem, was sich bewegt, bis zur Erschöpfung hinterherhetzen, wägen Wölfe immer ab, wie lange und intensiv sie jagen. Wenn sie mehr Energie für die Jagd verschwenden würden, als ihnen das mögliche Beutetier einbringen würde, brechen sie die Jagd aus ökonomischen Gründen ab. Haushunde hingegen haben dieses angebo-

rene Gefühl für die Energieökonomie nicht mehr, es ist ihnen abgezüchtet worden. Ihr Energiebedarf wird an anderer Stelle vom Menschen befriedigt, damit sie ihre jagdlichen Fähigkeiten zum Nutzen der Menschen ausleben und ausleben können.

Zusammengefasst kann man sagen, dass Wölfe eher „Allrounder" sind, Hunde häufig Spezialisten. Natürlich gibt es auch Allrounder unter Hunden – aber dann sind sie zumindest Spezialisten als „Menschenversteher". Ein Spezialgebiet, das Wölfen fast immer fremd ist ...

Das Hundeleben natürlich gestalten: So klappt's im Alltag

Wie gestalten nun die sogenannten selbstbestimmten Hundeartigen ihren Tag und womit beschäftigen sie sich? Wie können wir diese natürlichen Formen der Beschäftigung und der allgemeinen Tagesgestaltung auf unsere Haushunde übertragen – also simulieren?

Der Streifgang

Alle selbstbestimmten Hundeartigen durchstreifen ihr Revier. Doch sind die Gründe für den Reviergang dann auch bei allen dieselben?

Streifgänge bei selbstbestimmten Hundeartigen

Ein Streifgang bei selbstbestimmten Hundeartigen hat zweierlei Funktionen: Zum einen für die Nahrungssuche sowie -beschaffung und zum anderen für die Reviermarkierung. Ob Wolf, Schensi-, Straßen- oder Bauernhund – sie alle zeigen dieses Verhalten, allerdings in unterschiedlicher Ausprägung.

Wölfe

Die Tagesgestaltung eines Wolfes richtet sich in erster Linie danach, wie groß sein Hunger ist, welche Notwendigkeit zur Nahrungsaufnahme besteht – wann er das letzte Mal Nahrung zu sich genommen hat. Ist ein Wolf gut genährt und hat erst vor kurzer Zeit gefressen, dann verweilt er gern an einem Ort. Wurde ein größeres Tier wie beispielsweise ein Hirsch gerissen, halten sich Wölfe im unmittelbaren Umkreis der Beute auf, bis diese vollkommen aufgebraucht ist. Darum ist es auch besser, beim Wolf von allgemeiner Beschäftigung zu sprechen und nicht von Tagesabläufen und Tagesbeschäftigung. Allerdings muss man auch hier unterscheiden: Es gibt Wölfe, die sich von Kleinsäugetieren ernähren und es gibt Wölfe, die vorwiegend größere Beutetiere reißen. Das hat etwas mit dem Lebensraum zu tun, mit der verfügbaren Beute. Aber auch mit der Jahreszeit – in einigen Gegenden reißen die Wölfe im Winter größerer Tiere, weil sie ggf. durch jah-

reszeitliche Einflüsse (z. B. Schnee) Vorteile bei der Jagd haben. In den Sommermonaten können aber die Wölfe, die im Winter große Tiere als Beute bevorzugen, bei der Jagd nach Mäusen oder Hasen beobachtet werden. Wölfe sind hochgradig anpassungsfähig – nicht nur an spezielle Lebensräume, sondern auch an sich häufig wechselnde Umstände.

Ob sie allerdings große Beute reißen und tagelang in der Nähe des Kadavers verbringen oder auf der Jagd nach Hasen größere Strecken täglich zurücklegen: Die grundsätzlichen Tätigkeiten und Beschäftigungen, die das Überleben sichern, sind praktisch gleich. Nur werden sie je nach Umweltbedingungen in unterschiedlichen Abständen durchgeführt.

Nahrungssuche. Ein Reviergang wird demnach durchgeführt, wenn der Wolf auf der Suche nach Nahrung ist. Dabei ist es übrigens nicht wirklich entscheidend, ob der Wolf mit seinem Rudelverband durch die Gegend streift oder allein. Was dort gemacht wird, ist gleich – allein oder als Familie. Wie vorher bereits erwähnt, streifen Wölfe, wenn sie denn gemeinsam umherziehen, nur innerhalb von Familiengruppen umher – Eltern und Nachwuchs.

Zusammengewürfelte Gruppen mit nicht verwandten Tieren gibt es nicht, wenn auch selten mal ein fremdes Individuum „adoptiert“ wird. Das ist aber eine verschwindend geringe Ausnahme.

Der Reviergang gehört also zum Leben eines Wolfes, ist eine seiner Hauptbeschäftigungen und der Hauptzweck ist die Nahrungssuche.

Verschiedene Wege innerhalb des Reviers. Innerhalb des vertrauten Reviers nutzt der Wolf zwar immer dieselben Wege und besucht immer wieder Bereiche, die ihm bekannt sind und bei der Nahrungssuche erfolgsversprechend sein können. Allerdings werden diese Wege und Plätze nicht jeden Tag abgelaufen, sondern in unregelmäßigen Abständen. Es sind also immer dieselben Wege innerhalb eines Reviers, aber in einem unregelmäßigen Rhythmus. Das hat den nachvollziehbaren Grund, dass somit die potenziellen Beutetiere nicht einschätzen können, wo sich die Wölfe im Territorium aufhalten. Doch auch sie wechseln ständig ihren Aufenthaltsort, somit entsteht ein Kreislauf von Jäger und Gejagtem: suchen und sich aus dem Weg gehen.

Markieren. Neben der Nahrungssuche wird während der Streifgänge auch durch Urin- und Kotmarken markiert. Man könnte es auch als Nebentätigkeit während der Nah-

Zusammengefasst

Wölfe suchen innerhalb ihres Reviers auf wechselnden Wegen nach Nahrung, die sie unter anderem mit ihrer Nase aufspüren. Während der Streifgänge zur Nahrungssuche wird gleichzeitig das Revier markiert.

rungssuche bezeichnen. Es ist sicher nicht so, dass Wölfe einzelne Streifgänge nur zum Markieren absolvieren würden. Da in der Natur immer darauf geachtet wird, Energie einzusparen, wäre ein zusätzlicher Gang nicht schlüssig zu erklären. Warum einen Extragang absolvieren, wenn man das Markieren auch „nebenbei“ bei der Nahrungssuche durchführen kann.

Wenn das Revier von einer Familie bevölkert wird, markieren übrigens alle Familienmitglieder, ohne irgendwelche Rangordnungen. Man will ja nach außen dokumentieren, dass die Familie groß ist und Eindringlinge es mit mehreren Individuen zu tun hätten, würden sie sich länger im Revier aufhalten. Markieren des Reviers gilt immer Außenstehenden und hat nichts mit internen Ranganspüchen etc. zu tun. Deshalb ist es absurd, wenn man seinem Hund das Markieren verbietet, weil man denkt, er möchte in einer „Rangordnung aufsteigen“.

Nase. Neben optischen sind beim Wolf wie beim Hund olfaktorische Reize (Gerüche) wichtige Bestandteile der Wahrnehmung. Der Geruchssinn ist besonders stark ausgeprägt und Gerüche jeglicher Art werden aufwendig im Gehirn analysiert und interpretiert. Es können damit Spuren von Beutetieren verfolgt werden, Verträglichkeiten der Nahrung getestet sowie Markierungen von Konkurrenten erkannt werden. Der „Einsatz“ der Nase, ausgiebiges riechen und schnüffeln ist eine der häufigsten und wichtigsten Tätigkeiten, die während der Streifgänge vom Wolf durchgeführt werden. Das Gehirn entwickelt sich durch die Verarbeitung der vielen geruchlichen Reize, bleibt dabei flexibel und anpassungsfähig.

Selbstbestimmte Hunde

Selbstbestimmte Hunde leben ebenfalls in bestimmten Territorien. Allerdings sind diese eher als Wölfe dazu bereit, fremde Artgenossen im Revier zu tolerieren. Wodurch sich Territorien überlappen können.

Schensi- und Straßenhunde
Schensihunde und auch Straßenhunde finden sich zwar manchmal an Futter- oder auch Schlafplätzen zu so etwas wie Gruppen zusammen – was man aber nicht mit hierarchisch organisierten „Banden“ oder fälschlich Rudel genannten Gruppen verwechseln darf. Wie man lose Gruppenbildungen bei Schensi- und Straßenhunden beschreiben kann, s. Seite 29. An dieser Stelle möchte ich festhalten, dass die genannten Hunde Streifgänge meist allein absolvieren. Nur selten kann man mal mehrere Individuen beobachten, die gemeinsam losziehen, das ist aber die Ausnahme. Einige Experten gehen davon aus, dass es sich in solchen Fällen um Geschwistergruppen aus einem Wurf handelt, die sich noch nicht voneinander getrennt haben. Durch meine eigenen Beobachtungen kann ich bestätigen, dass die seltenen Hundegruppen, die gemeinsam umherstreifen, meist sehr ähnlich in Aussehen und Größe sind, was speziell bei Straßenhunden auf eine Verwandtschaft hindeuten kann. Wenn sie also gemeinsam auftreten, dann liegt ein familiärer Hintergrund vor. Damit wären sie nicht so weit von der wölfischen Grundstruktur entfernt ...

Aber, wie gesagt, das ist selten zu beobachten. Bei Straßenhunden noch seltener als bei Schensihunden, da europäische Straßenhunde bei der Aufzucht von Welpen meist wenig Erfolg haben. Der Grund dafür ist, dass sich die Straßenhundpopulationen nicht durch Fortpflanzung vergrößern, wie fälschlich oft angenommen wird, sondern durch ausgesetzte Tiere, die dem Menschen überdrüssig geworden sind (s. Seite 31).

Bei ihren Streifgängen sind Schensi- und Straßenhunde in erster Linie damit beschäftigt, Nahrung aufzustöbern. Im Gegensatz zum Wolf wird diese aber praktisch nie durch jagen beschafft, sondern in erster Linie „abgestaubt“. Dabei scheinen Hunde nicht übermäßig wählerisch zu sein, von Pizzaresten über Knochenabfälle und „Grünzeug“ – alles was Menschen von ihrer Nahrung übriglassen und/oder selbst nicht genießen können bzw. wollen. Besonders interessant in dem Zusammenhang finde ich meine Beobachtungen, dass auch Hunde, die offensichtlich einer Jagdhundrasse angehören und als Streuner in Griechenland leben, Nahrung abstauben und nicht selbst jagen – maximal eine Maus. Das zeigt deutlich, dass die vielfach geäußerte Annahme, Hunde müssten Beutefangverhalten „ausleben“, um glücklich zu sein, noch nicht zu allen Hunden durchgedrungen ist. Der Hund muss fressen, das ist sein Bedürfnis. Um dieses Bedürfnis zu befriedigen, kann er jagen, das ist ein angeborenes Verhaltensrepertoire, welches ein Hund abrufen kann, wenn er es denn benötigt. Ist es möglich, das Bedürfnis Nahrung ohne Jagd zu befriedigen, ist das wesentlich energiesparender – ein wichtiger Überlebensfaktor.

Zusammengefasst
Schensi- und Straßenhunde suchen innerhalb ihres Reviers auf wechselnden Wegen nach Nahrung, die sie unter anderem mit ihrer Nase aufspüren. Während der Streifgänge zur Nahrungssuche wird gleichzeitig das Revier markiert. Selten kommt es dabei zu Revierstreitigkeiten.

Wenn auch meist ohne Jagd, dennoch sind Straßen- und Schensihunde während ihrer Streifgänge auf der Suche nach Nahrung, die sie sich zu einem großen Teil mithilfe ihrer Nase erschnüffeln. Sie gehen dabei anscheinend auch immer dieselben Wege in einem festen Bereich bzw. Territorium ab. Dort kennen sie Abfallbehälter und mögliche andere Nahrungsquellen sowie Verstecke für Notfallsituationen. Regelmäßig wird auch markiert. Interessant ist dabei, dass zwar regelmäßig Markierungen anderer Hunde gesucht, gefunden und auch übermarkiert werden. Es kommt allerdings selten zu Streitigkeiten zwischen unterschiedlichen Hunden im gleichen Streifgebiet, falls sie sich zufällig mal begegnen. Und obwohl sie gegenseitig ihre Markierungen überdecken, legen sie es nur selten auf Revierkämpfe an. Sie gehen sich einfach aus dem Weg. Vermutlich eine Folge der Domestikation, in deren Lauf die Hunde zwar das Verhalten des Markierens nicht verloren haben, die Ernsthaftigkeit der Revierstreitigkeiten allerdings nicht in dem Maße ausleben wie Wölfe und sich damit der jeweiligen Lebenssituation anpassen können.

Bauernhunde

Wenn wir uns jetzt die Streifgänge von Bauernhunden anschauen, müssen wir unterscheiden, auf welchen Höfen und in welchen Ländern wir die Hunde betrachten.

Auf der Ranch. Hunde, die auf großen Rinderfarmen bzw. Ranches in Nordamerika leben, haben die Möglichkeit, große, aber wenig bevölkerte Streifgebiete innerhalb der meist riesigen Anwesen ihrer Halter zu durchstreifen. Sie verlassen das Ranchgelände selten bis nie – sie kehren nach meinen Beobachtungen trotz ausgedehnter Ausflüge fast immer pünktlich in ihr Kernterritorium zurück, nämlich immer dann, wenn die Wahrscheinlichkeit groß ist, dass dort Nahrung abfällt. Auf Ranches, die ich besucht habe, war das fast immer zu den Essenszeiten der Ranchfamilie. Die Menschen gaben den Hunden alles, was sie nicht aufaßen – von Pizzaresten, Salaten, Kartoffeln über Knochen bis hin zu Kuchen. Fast eine Ernährung, bei der in Deutschland die Nachbarn schon den Tierschutz alarmieren würden. Nach meinem Ermessen waren die Hunde aber fast immer in guter Konstitution – eine tiefgehende ernährungstechnische Erläuterung würde den Rahmen dieses Buches aber sprengen. Interessant war es auf jeden Fall, dass die Ranchhunde immer pünktlich zu den „Essenszeiten" auf dem Hof waren, während sie zwischendurch auch längere Streifgänge absolvierten. Sofern es ihnen von den Ranchern erlaubt wurde, denn vor allem in Gebieten mit Wolfs- oder Pumavorkommen wäre das freie umherstreifen für die Ranchhunde schlichtweg zu gefährlich.

Auch wenn auf einem Hof mehrere Hunde gehalten wurden, gingen nach meinen Beobachtungen die meisten Hunde allein oder manchmal in Zweiergruppen auf Streife. Sehr gern und häufig werden auch Menschen bei Ausritten begleitet. Aber selbst wenn auf einem Hof mal vier oder fünf Hunde gehalten wurden, sah man diese praktisch nicht alle zusammen umherstreifen.

Gemeinsam sieht man sie meist nur zur Futterzeit, wenn die menschlichen Essensreste verteilt werden. Und

gelegentlich zu Ruhezeiten, oft direkt nach dem Füttern, wenn sie schlafend oder dösend herumliegen. Sehr ähnlich dem Verhalten von Straßenhunden ...

Die Streifgänge dienen bei diesen Hunden natürlich nicht zwangsläufig der Nahrungsaufnahme, trotzdem „beschaffen“ die Hunde sich Nahrung bzw. zeigen das Verhalten zur Nahrungsbeschaffung: sie jagen. Aber ich konnte sie selten dabei beobachten, dass sie größere und/oder schwierig zu erlegende Beute erlegten wie z. B. Hasen oder kleine nordamerikanische Hirscharten. Ihre Jagd beschränkte sich meist auf Mäuse und Ratten oder auch Präriehunde bzw. Murmeltiere. Auffällig häufig etwas, das man ausbuddeln muss. Interessanterweise wurden die erlegten Ratten selten gefressen – manchmal wurden sie stolz den Menschen präsentiert und vor die Füße gelegt, um dann selbst lieber Pizzareste und sonstige menschliche Nahrung abzustauben.

Die Ranchhunde, die ich beobachten durfte, verhielten sich auf ihren Streifgängen also absolut typisch für ihre Art – umherstreifen, mit der Nase vermeintliche Nahrung aufspüren und diese zu beschaffen (um sie ihren Menschen vor die Füße zu legen und selbst Pizza zu genießen). Interessant war auch hier wieder die Beobachtung, dass selten immer derselbe Weg gewählt wurde, sondern verschiedene Wege und Bereiche innerhalb des großräumigen Territoriums.

Übrigens: Markiert wurde natürlich auch im Revier. Und zwar immer von allen Hunden des Hofes.

Indische und andere Bauernhunde. Den Platz, den Hunde auf den großen Rinderzuchtbetrieben in Nordamerika haben, den haben natürlich nicht alle Bauernhunde. In einem sehr dicht besiedelten Land wie Indien findet man kaum Platz für Mensch und Tier. Das ganze Land ist mit den Augen eines Mitteleuropäers betrachtet ein Wirrwarr aus Menschen, Tieren und Motoren. Und zwar überall, auch in vermeintlich ländlichen Gegenden. Natürlich gibt es landwirtschaftliche Flächen – die finden sich aber meist im Hinterland von Bauernhöfen, die an Straßen liegen und auch mit recht kleinen Grundstücksgrößen in direkter Nachbarschaft zu anderen Betrieben. Die Hofhunde können also ihre Streifgänge nicht allein auf dem Hofgrundstück absolvieren. Sie leben, fressen und ruhen auf dem direkten Hofgelände. Zu ihren Streifgängen mischen sie sich allerdings unter die Straßenhunde, von denen sie auch nur durch ein Halsband zu unterscheiden sind. Dieses legen die Bauern und andere Hundehalter ihren Hunden ausschließlich zur Kennzeichnung um – der durchschnittliche Inder geht mit seinem Hund nicht Gassi. Bauernhunde und andere Haushunde mischen sich während ihrer Streifgänge also „unters Volk“, streifen zwischen Menschen, Hunden und Kühen umher, ohne jedoch größere Interaktionen mit anderen Individuen zu zeigen. Mir schien es im an Menschen und Tieren überbevölkerten Indien so, als könnten alle Lebewesen das Gewusel und den Krach um sich herum ausblenden und in eine Art eigene Welt abtauchen. In dieser Welt bewegten sich die Bauernhunde letztlich genauso, wie die Ranchhunde in einem wesentlich einsameren und ruhigeren Umfeld. Sie schnüffelten, markierten – was draußen durchaus interessante Formen annahm. Fast nie konnte ich beobachten, dass nach dem Markieren ein augenscheinlich fremder Hund attackiert wurde, der die eigene Marke übermarkiert

hatte. Insgesamt scheint das Markieren dort vielfach eher ritualisiert zu sein, statt es als ein ernstes Mittel einzusetzen, um Artgenossen fernzuhalten. So konnte ich beobachten, dass sich wieder vermutlich fremde Hunde praktisch in einer Schlange anstellten und nach und nach eine Laterne markierten. Faszinierend ...

Beim Verfolgen eines Bauernhundes über mehrere Tage hinweg, konnte ich ebenfalls wieder feststellen, dass häufig markante Punkte im Revier angesteuert wurden. So ging dieser Hund beispielsweise regelmäßig an einer Grundschule vorbei, wo er es offensichtlich genoss, von Kindern gestreichelt zu werden. Von Kindern, die unter unglaublich vielen Hunden lebten und dementsprechend überhaupt keine Berührungsängste zeigten, aber genau den einen Hund als Streichelobjekt nutzten – was diesem so gut gefiel, dass er täglich wiederkam. Die markanten Punkte im Revier wurden allerdings nicht immer auf den gleichen Wegen abgelaufen – auch hier zeigte sich wieder das Muster wie bei fast allen selbstbestimmt lebenden Hundeartigen: Es werden verschiedene Wege im immer gleichen Gebiet genutzt.

Bei dem direkt von mir beobachteten Hund konnte ich nicht feststellen, wie er außerhalb des Hofes Nahrung suchte oder zu sich nahm. Die bekam er, ähnlich den Ranchhunden, aus Resten der Nahrung seiner Besitzer. Auch er kam immer wieder pünktlich zu den Essenszeiten seiner Menschen zurück von seinen Streifgängen.

Zusammengefasst
Bauernhunde durchstreifen ihr Revier auf unterschiedlichen Wegen innerhalb eines festen Gebietes. Dort wird viel geschnüffelt und markiert. Gefüttert wird vom Besitzer.

Man könnte hier weitere Bauernhunde der Welt beschreiben, wie sie ihr Revier durchstreifen. Aber im Grunde kämen wir immer wieder zu dem gleichen Ergebnis ...

Simulation eines Streifgangs

In den vorangegangenen Kapiteln habe ich anhand einiger selbstbestimmten Hundeartigen dargestellt, wie diese Tiere ihre Streifgänge gestalten. Jetzt kommen wir dazu, wie wir diese Streifgänge mit bzw. für unsere Haushunde simulieren können.

Verschiedene Wege

Nun, das Wichtigste ist zunächst, dass man überhaupt Streifgänge mit dem Hund unternimmt. Ein eingezäunter Garten oder ein eingezäuntes Gelände können zwar ihren

Tipps für die Umsetzung im Alltag
Gehen Sie mit Ihrem Hund
> häufig die gleichen Wege in demselben Gebiet,
> aber in unregelmäßigem Rhythmus.

Teil zum sinnvollen Hundealltag beitragen, allerdings kann man Hunde nicht dauerhaft eingezäunt halten, ohne dass dieser mit wechselnden Reizen außerhalb seines Gartens konfrontiert wird. Doch dazu später mehr.

Beim direkten Streifgang oder, wie wir Menschen es auch nennen, beim „Gassigang“, sollten wir zunächst darauf achten, dass wir uns zwar meist in dem gleichen Gebiet aufhalten, aber dort nicht jeden Tag denselben Weg gehen. Eben wie bei den „freien“ Hunden beschrieben.

Ich habe daher ca. 15 verschiedene Gassiwege, die ich täglich wechsele. Ab und zu sollte man natürlich auch mal fremdes Gebiet einbeziehen, aber aufgrund des vorher beschriebenen Territorialverhaltens verschafft das bekannte Territorium dem Hund immer ein Gefühl von Sicherheit und Selbstsicherheit. Ist die Selbstsicherheit gereift, nutzt sie auch in unbekanntem Gebiet und auch in unbekannten Situationen: Selbstsichere Hunde reagieren nicht so schnell über.

Grundsätzlich sollte also gelten: Gehen Sie mit Ihrem Hund verschiedene Wege innerhalb seines Reviers, um mit ständig wechselnden Reizen das Gehirn, den Hormonhaushalt und somit das Verhalten Ihres Tieres flexibel zu halten und ihm trotzdem ein Gefühl der Sicherheit zu verschaffen.

Nase

Freie Hunde sind auf den Streifgängen mithilfe der Nase beschäftigt, Nahrung zu suchen und Markierungen von Reviereindringlingen zu finden. Das ist die natürlichste Beschäftigung, der ein Hund nachgehen kann. Die Geruchsreize halten, wie auch das Nutzen von unterschiedlichen Wegen, sein Gehirn flexibel und begünstigen ein ausgeglichenes Hormonsystem.

Gestatten wir unserem Hund das Schnüffeln grundsätzlich nicht und schleifen ihn immer weiter, wenn er irgendwo riechen möchte, führt das zu Frust und langfristig zu einem unausgeglichenen Wesen.

Tipp für die Umsetzung im Alltag

Lassen Sie Ihren Hund schnüffeln, so lange und so viel er möchte. Mehr zum Thema Nasenarbeit finden Sie auf Seite 93.

Markieren lassen

Hunde sollten markieren dürfen, wenn sie es möchten. Warum, das erfahren Sie hier.

Markieren ist keine „Chefsache". Viele Hundeexperten geben den Rat, dass man Hunde nicht markieren lassen solle. Einige davon begründen das damit, dass etwa bei Wölfen nur das „Alphatier" markieren dürfe. Wenn ich als Hundehalter demnach meinem Hund das Markieren erlauben würde, würde er den Menschen dominieren wollen, mit dem Ziel, sich hierdurch den Rang des Alphatiers in der Familie zu verschaffen.

Dies ist nicht haltbar – wie man im Verlauf des Buches schon mehrfach erfahren hat. Hunde wollen Menschen nicht dominieren, sie wollen nicht in irgendwelchen Familienrangordnungen aufsteigen. Sie wollen ein sicheres Leben in sicherem Umfeld mit Sozialpartnern führen, die sie einschätzen können und die in ihren Augen vernünftig und logisch handeln. Aus Sicht des Hundes ist es vollkommen unlogisch, wenn er vom Markieren abgehalten oder gar dafür „gemaßregelt" wird. Bei Wolfsfamilien markieren grundsätzlich alle Familienmitglieder. Das macht ja auch Sinn: Wenn die Mehrheit der Familienmitglieder sein Wasser nur an versteckten Plätzen lassen bzw. nur an einer markanten Stellen markieren würde, könnte das von potenziellen Reviereindringlingen falsch interpretiert werden. Wenn die Eindringlinge zudem immer nur auf die markanten Markierungen eines Individuums stoßen würden, könnten sie glauben, dass sie es nur mit einem Revierinhaber zu tun haben. Markieren alle, dann wird die Gruppenstärke auch nach außen gezeigt und dokumentiert.

Markieren ist kein automatischer Grund für Aggressionen. Andere Experten vertreten die Meinung, dass ein markierender Hund verärgert sein könnte, wenn er später oder immer wieder auf den Hund trifft, dessen Marken er übermarkiert hatte. Wölfe reagieren in der Tat gereizt, wenn fremde Wölfe das Revier immer wieder markieren und somit zeigen, dass sie dessen Grenze nicht akzeptieren. Dieses Verhalten lässt sich allerdings nicht generell auf unsere domestizierten Hunde übertragen.

Im Allgemeinen kann man beobachten, dass es für Hunde nicht wirklich eine Rolle spielt, wenn sie einem Hund begegnen, dessen Marke sie vor kurzem oder auch häufiger übermarkiert haben. Meist werden diese „Markierungsfeinde" von gut sozialisierten Hunden völlig normal abgecheckt und es wird klassisch Kontakt aufgenommen. Haushunde haben sich im Laufe der Domestikation daran gewöhnt, dass sie im Vergleich zu ihrem „Stammvater" Wolf in größerer Nähe auch zu fremden Artgenossen leben. Das ist beim Familienhund der Fall, aber auch beim Straßenhund, beim Bauernhund etc. Markieren ist bei ihnen ein eher ritualisiertes Verhalten, das aber zudem noch ein gutes Gefühl hervorbringt, welches selbstbewusst macht. Und Selbstbewusstsein ist die Grundlage dafür, dass man in der Lage ist, in verschiedenen Situationen ausgeglichen und ruhig zu agieren sowie zu reagieren.

Innerhalb des weitläufigen Streifgebietes ist das Markieren unserer Hunde demnach meist eher ritualisiert und vollkommen normal und in Ordnung. Haben Sie allerdings das Gefühl, dass Ihr Tier übertrieben häufig markiert, können Sie den Hormonhaushalt vom Tierarzt untersuchen lassen.

Tipp für die Umsetzung im Alltag

Lassen Sie Ihren Hund auf den Streifgängen markieren – das sorgt für Wohlbefinden. Der Frust, der entsteht, wenn Sie Ihrem Hund das Markieren andauernd verbieten, hat größeres Problempotenzial ...

Im Stadtbereich sollten Sie das uneingeschränkte Markieren nicht überall erlauben, nämlich dann, wenn Ihr Hund etwa die Hecke des Nachbarn oder die Topfpflanze vor einem Geschäft markieren möchte. Um einen möglicherweise aufkommenden Frust Ihres Hundes zu vermeiden, üben Sie mit ihm Signal ein, welches seine Aufmerksamkeit einfordert, beispielsweise „Schau hier". Wenn Sie bemerken, dass sich Ihr Hund einem solch ungünstigen Markierungspunkt nähert, können Sie ihn unter diesem Signal positiv verstärkt an dem Punkt vorbeiführen.

Gemäßigtes Tempo

Hundeartige, die ein selbstbestimmtes Leben führen, rennen nicht bei ihren Streifgängen. Hierfür gibt es mehrere plausible Gründe:

Es kostet Energie, ohne Anlass sehr schnell zu laufen, und die Tiere wissen nie genau, wann sie die Energiereserven wieder auffüllen können. Gelaufen, gesprintet etc. wird also nur, wenn es notwendig ist, bei Wölfen beispielsweise für die Jagd oder Flucht, bei Straßenhunden eher rein für die Flucht.

Bei erwachsenen Straßenhunden habe ich, wenn auch selten, manchmal Spielverhalten beobachtet, das einen „unnötigen" Energieverbrauch verursacht. Meist zeigten dies aber Hunde, die eine relativ sichere Nahrungsquelle hatten, wie etwa eine Müllkippe. Sie spielten dabei nicht immer mit Artgenossen, manchmal auch mit einer leeren

Tipp für die Umsetzung im Alltag

Führen Sie den normalen Streifgang in gemäßigtem Tempo durch. Das simuliert natürliches Verhalten beim Revierstreifen am besten.

Plastikflasche, die sie wegschleuderten, um dann hinterherzusprinten.

Dass sich ein Hundeartiger, ob Wolf, Straßenhund, Bauernhund oder Dingo, in schnellem Tempo (also im Galopp) über eine weite Strecke fortbewegt, ggf. sogar über mehrere Kilometer hinweg, wird man sicher selten beobachten können. Freiwillig machen sie das vermutlich nur in Ausnahmefällen ... Streifgänge werden in gemäßigtem Tempo durchgeführt: Bei Straßenhunden laut meinen eigenen Beobachtungen mehrheitlich im Schritt, manchmal im Trab, Wölfe traben oft in gleichmäßigem Tempo.

Das gemäßigte Tempo hat neben der angesprochenen Energieeffizienz auch den Vorteil, dass man leichter Fährten erkennt und nicht an Geruchsmarkierungen einfach vorbeirennt. Ein durch sein Revier rennender Hundeartiger würde schlichtweg viele wichtige Informationen übersehen.

Was heißt das nun für den alltäglichen Gassigang? Der Streifgang sollte auch für unsere Hunde in gemäßigtem Tempo stattfinden. An dieser Stelle ist allerdings der Hinweis wichtig, dass es natürlich bei den vielen unterschiedlichen Rassen entsprechend unterschiedlich stark ausgeprägte Bewegungsbedürfnisse gibt. Das sollte man bei Länge und Tempo des Reviergangs immer individuell berücksichtigen. Allerdings habe ich auch die persönliche Erfahrung gemacht, dass selbst Huskys oder andere, für ihre Laufstärke bekannte Hunde, eher ein gemäßigtes Tempo bei den Streifgängen bevorzugen. Aber, wie gesagt, dass ist individuell.

Damit ist natürlich nicht gemeint, dass Hunde nie rennen sollen. Wie so oft kommt es auf die Dosierung an: Man muss Hunden dann und wann mal die Möglichkeit geben, sich zu strecken, zu rennen und zu galoppieren. Aber nur, wenn sie es freiwillig tun und bestimmt nicht dauerhaft während des Reviergangs.

Kreuz und quer

Wenn Straßenhunde und Wölfe, aber auch Dingos ihr Revier durchstreifen, laufen sie meist dieselben Wege ab, aber in wechselndem Rhythmus. Diese Wege sind bei Wölfen und Dingos oft ausgetretene Pfade und bei Straßenhunden meist von Menschen angelegte Wege oder Straßen. Aber feste, ausgetretene oder angelegte Wege werden natürlich auch häufig verlassen. Es wird querfeldein gelaufen, um einer Fährte zu folgen, um eine Abkürzung zu nehmen bzw. um neue Regionen oder unbekannte Teile des Reviers zu erkunden oder auch einfach nur so. Dabei wird bergauf und bergab gegangen, die Untergründe können steinig, sandig, weich oder hart sein. Es muss mal balanciert werden, auch kleinere Klettereinheiten und Sprünge, z. B. über Baumstämme oder andere Hindernisse, müssen gemeistert werden. So wird praktisch „nebenbei“ während des Reviergangs ein Gesundheitstraining absolviert: Insbesondere für den Bewegungsapparat ist es wichtig, dass dieser in Bewegung, im Training bleibt.

Dieses einfache und kostenlose Fitnessprogramm lässt sich ganz einfach auf den alltäglichen Gassigang übertragen. Auf diese Weise entspricht er dann nicht nur den körperlichen Anforderungen Ihres Hundes, sondern macht auch noch Spaß – sowohl dem Vier- als auch dem Zweibeiner.

Und lassen Sie Ihren Hund ruhig manchmal die Richtung beim Querfeldeingang vorgeben. Das stärkt das Selbstbewusstsein und somit seine Ausgeglichenheit und nervliche Belastbarkeit. Und keine Angst – ein Hund, der ab und zu die Richtung vorgibt, schwingt sich nicht zum „Rudelführer" auf und will die Welt erobern.

Noch einen Hinweis: Beachten Sie, dass es beispielsweise in den Wäldern nicht überall gestattet ist, die Wege zu verlassen. Am besten erkundigen Sie sich in dem Fall vorher beim zuständigen Förster.

Tipps für die Umsetzung im Alltag
Verlassen Sie öfters mal, wo es möglich und erlaubt ist, mit Ihrem Hund die befestigten Wege:

- Laufen Sie auf verschiedenen Untergründen.
- Lassen Sie den Hund einfach mal über einen Baumstamm balancieren (wenn er möchte).
- Wandern Sie mit ihm durchs Unterholz etc.
- Tauschen Sie auch ab und an die Führungsrolle: Erlauben Sie mal Ihrem Hund, Ihnen den Weg vorzugeben.

Allein streifen

Unsere Hunde sind meist 24 Stunden des Tages unter Aufsicht, in unserer Nähe und wir sind bei allen Aktivitäten dabei. Auch die vorher beschriebenen Aktivitäten innerhalb des Reviers werden immer gemeinsam mit uns als Halter durchgeführt. Zwar können wir die Tiere heute in Mitteleuropa mehrheitlich nicht mehr allein zum Streifgang schicken, dennoch sollten wir ihnen Erkundungszeit und Raum geben, wo wir nicht ständig bei ihnen sind.

Damit sie Selbstbewusstsein entwickeln können, müssen sie dann und wann auch mal Zeit allein verbringen – und diese Zeit komplett allein gestalten.

Wenn Sie einen großen eingezäunten Garten haben, der mit viel Buschwerk ausgestattet ist, am besten recht unübersichtlich gestaltet, können Sie Ihren Hund dort täglich eine gewisse Zeit komplett allein lassen. Sie können ihn natürlich vom Fenster aus heimlich beobachten, wenn Sie das möchten, aber er sollte wirklich das Gefühl haben, dass er dort allein schnüffeln oder allein Spuren entdecken kann, die in der Nacht beispielsweise ein Eichhörnchen hinterlassen hat bzw. dass er auch einfach nur herumliegen darf. Besitzen Sie keinen großen eigenen Garten, dürfen Sie hierfür vielleicht mal den Garten von Freunden nutzen. Weitere Möglichkeiten wären auch, bei Hundeschulenbetreiber nachzufragen, ob Sie auf das Gelände dürfen, wenn der Hundeplatz nicht genutzt wird oder aber Sie fragen die Eigentümer stillgelegter, eingezäunter Industriegelände, … Seien Sie kreativ und suchen etwas Passendes – es gibt diverse Möglichkeiten, dem Hund auf abgesicherten Geländen mal etwas Freiraum zu bieten.

Wichtig dabei ist, dass Ihr Hund den Ablauf frei bestimmen kann. Dies stärkt sein Selbstvertrauen – welches wiederum wichtig ist, um in stressigen und unbekannten Situationen ruhig und gelassen bleiben zu können.

Übrigens: Haben Sie mehrere Hunde, sollte trotzdem jeder einzelne Hund ab und zu die Gelegenheit bekommen, allein zu sein und selbstbestimmt zu agieren.

Tipp für die Umsetzung im Alltag
Geben Sie Ihrem Hund öfters in abgesichertem Gelände die Gelegenheit, vollkommen allein zu bestimmen, was er mit der Zeit anfängt.

Revier bewachen

Hunde möchten, mehr oder weniger stark ausgeprägt, ihr Revier bewachen. Wie lässt sich das begründen und im Alltag umsetzen?

Revierbewachung bei selbstbestimmten Hundeartigen

Wölfe bewachen das weitläufige Revier „nebenbei" und nicht gezielt. Sie markieren und verdeutlichen damit ihre Ansprüche und fordern Eindringlinge auf, das Gebiet zu verlassen. Ähnlich ist es bei Dingos und bei allen anderen Hundeartigen, wobei Straßenhunde das weitläufige Streifgebiet ja sowieso meist mit vielen anderen Hundeindividuen teilen und auch Fremden oft begegnen. Dort wird sich dann eher aus dem Weg gegangen, man arrangiert sich miteinander. Von einem direkten Bewachen des gesamten Reviers kann man also kaum sprechen.

Kernterritorium wird bewacht

Anders sieht es aber mit den Kernbereichen des Territoriums aus. Bei Wölfen bezeichnet man so die engen Gebiete rund um die Wurfbauanlagen und auch Plätze, wo sich die Familienmitglieder treffen, nachdem sie allein unterwegs waren. Bei Dingos ist das wieder ganz ähnlich wie bei Wölfen, und auch Straßenhunde kann man durchaus an solchen Plätzen antreffen. Obwohl Straßenhunde wohl keine echten hierarchischen Gruppen ausbilden (s. Seite 31), findet man trotzdem oft dieselben Individuen, die sich an speziellen Schlafplätzen oder Futterplätzen treffen und sich zumindest so etwas wie gegenseitige Sicherheit geben. Gemeinsam genutzte Plätze von „Gruppen", aber auch Schlaf- und Ruheplätze von kompletten Einzelgängern, kann man sicher mit dem Kernterritorium von Wölfen oder Dingos vergleichen. Bei Bauernhunden entspricht das direkte Hofgelände dem Kernterritorium.

Das Kernterritorium ist bei allen Hunden ein wichtiger Bestandteil des Gesamtterritoriums, welches bewacht und verteidigt wird. Wenn es von mehreren Hundeindividuen, von einer Gruppe genutzt wird, wacht jeder mal, das einzelne Tier kann sich aber auch immer wieder entspannen, weil es davon ausgehen kann, dass von mehreren Individuen immer eines wachsam ist. Vermutlich ist das einer der Gründe für die lockere Gruppenbildung an diversen Plätzen.

Bewachen simulieren

Jeder Hund kann und sollte eine gewisse Zeit des Tages irgendetwas bewachen dürfen, so wie der Straßenhund im Kerngebiet wacht oder wie der Wolf an den Rendezvousplätzen bzw. rund um die Bauanlage.

Wenn wir das Bewachen simulieren, müssen wir dabei behutsam vorgehen, denn bei vielen Hunderassen wurde gerade die Wachsamkeit im Laufe der Domestikation durch Selektion verstärkt. Wenn man einen solchen Hund ernsthaft etwas bewachen lässt, führt das möglicherweise zu einem starken Territorialverhalten, das in Folge vielleicht auch zu Problemen mit erwünschten Besuchern des Hauses führen kann. Deshalb sollte man Besucher schon für Welpen sehr sympathisch machen, z. B. wenn es an der Tür schellt oder ein Besucher die Wohnung, das Haus oder das Grundstück betritt, immer gleichzeitig etwas bieten, was dem Hund Spaß macht, was gute Gefühle in ihm hervorruft. Das kann Nahrung sein, aber auch das Reichen eines speziellen Spielzeugs etc. Wichtig ist nur, dass der Besucher mit etwas Angenehmen in Verbindung gebracht wird. Dann ist er auch für einen auf Wachsamkeit gezüchteten Hund willkommen ...

Wie lässt sich das Bewachen für unseren Hund umsetzen? Das zu bewachende Objekt sollten Sie so wählen, dass es zum einen nicht stark frequentiert und zum anderen auch nicht wirklich „wichtig“ ist, es sollten von dort keine potenzielle „Eindringlinge“ Richtung Haus gehen. Geeignet wären z.B. der abgeschlossene Garten, die Außentreppe an einem Seiteneingang oder eine Straße, die nicht zum Haus führt. Die Haustüre eignet sich nicht, denn hierdurch gehen ja die, die willkommen sind.

Der Wachposten Ihres Hundes sollte so liegen, dass er von dort sein zu bewachendes Objekt im Blick hat und er soll ruhig mal bellen dürfen, wenn ihm etwas komisch vorkommt. Wichtig ist dann nur, dass Sie dem Hund zeigen, dass Sie seine Warnung verstanden haben und ernst nehmen: Einfach hingehen, nachschauen und dem Hund so vermitteln, dass Sie keine Gefahr erkennen können.

Damit bei der Bewachungssimulation nichts schiefgeht:

- Berücksichtigen Sie die Rasseeigenschaften Ihres Hundes. Das Simulieren sollte eine eventuell angeborene starke Territorialität nicht noch verstärken.
- Suchen Sie den Wachplatz sorgfältig aus.
- Entscheiden Sie, wie lange und wie oft Sie es zulassen. Ihr Hund sollte bitte zu lange auf dem Wachposten bleiben dürfen. Das gehört nämlich nicht zur Ruhephase: Wenn ein Hund wacht, konzentriert er sich meist so, dass das Wachen harte Arbeit ist. Wenn auch im Liegen ausgeführt – das konzentrieren auf die Sinne ist höchst anstrengend. Darum nur gezielt wachen lassen und ihm auch den Zugang zum Wachposten verwehren, dass er zur Ruhe kommt und entspannen kann. Natürlich gibt es Hundeindividuen, die Wachen und aus dem Fenster schauen selbstständig unterscheiden können – die auf ihrem Wachposten tief und fest einschlafen. Sind Sie sich bei Ihrem Hund nicht sicher, erlauben Sie ihm generell nur zeitweise den Zugang.

Trotz der angesprochenen Problematik sollte jedem Hund im Tagesverlauf diese natürliche Beschäftigung „sein" Objekt zu bewachen, gegönnt werden – seinem Individuum entsprechend. Das ist wieder ein wichtiger Baustein für einen ausgeglichenen Hund, weil diese angeborene, natürliche Tätigkeit zum ausgeglichenen Hormonsystem passt.

Tipps für die Umsetzung im Alltag

Geben Sie Ihrem Hund die Gelegenheit, etwas zu bewachen:

- Beispielsweise durch Zugang zu einem Fenster oder zu einer anderen Art „Ausguck".
- Nehmen Sie seine Warnungen ernst und vermitteln ihm das Gefühl, dass keine Gefahr droht.

Nahrung beschaffen, verstecken und bearbeiten

Die Beschäftigung rund um die Nahrung ist wichtig. Ob es ausreicht, dem Hund den Napf zu füllen und ihm ab und zu ein Leckerchen zuzustecken ...?

Nahrung bei den selbstbestimmten Hundeartigen

Wie schon mehrfach erwähnt, dienen die Streifgänge der Wölfe unter anderem der Beschaffung von Nahrung. Wölfe sind da nicht so spezialisiert und festgelegt, wie man vielleicht glauben mag. Welche Nahrung sie sich beschaffen, hängt dabei davon ab, was die jeweilige Umwelt bietet. Wölfe in Spanien wurden z. B. beim Verzehr von Beeren und anderen Früchten beobachtet. In Polarregionen ohne

große Beutetiere begnügen sich Wölfe auch mit der reinen Ernährung von kleinen Nagetieren wie Mäusen. In allen ihren Verbreitungsgebieten vertilgen sie zudem gern Aas – wenn ein Wolf eine Straße quert und dort einen überfahrenen Hasen findet, wird er den nicht liegen lassen. Oder wenn er einen größeren Kadaver findet, vielleicht einen von einen Puma gerissenen Hirsch, wird er nicht selbst jagen, sondern die vorhandene Nahrung verwerten. Natürlich jagen Wölfe ihre Nahrung auch selbst – doch dazu später mehr.

Kein Jagdtrieb

Meiner Meinung nach betrachten wir Menschen das wölfische Jagdverhalten bezogen auf unsere Hunde in einem falschen Licht: Gern sehen wir das Jagdverhalten als Trieb an, den ein Wolf oder auch ein Hund ausleben müsse, um glücklich zu sein. Allerdings gibt es so etwas wie einen Jagdtrieb, der ausgelebt werden muss, nicht. Das wäre in Hinsicht auf die Verwaltung der Energiereserven eines Wildtieres völlig kontraproduktiv. Jagdverhalten ist zwar ein Verhalten, welches dann abgerufen und durchgeführt wird, wenn das Individuum durch einen Reiz den Impuls bekommt, zu jagen. Dieser Reiz kann der Anblick eines potenziellen Beutetiers oder ein flüchtendes Tier, also ein sich schnell bewegendes Objekt, sein – diese lösen das Jagd- bzw. das Beutefangverhalten aus. Aber: Es ist ein

Beutefangverhalten

Das Beutefangverhalten ist ein Mittel zum Zweck. Es ist wie ein Programm, das angeschaltet wird, wenn es benötigt wird. Es muss keinesfalls ausgelebt werden und verbraucht dementsprechend auch keine Energien, wenn es nicht benötigt wird.

„Programm“, welches aktiviert wird, wenn es benötigt wird – und nicht sinnlos, nur um es durchzuführen. Der Wolf jagt nach Empfangen des Reizes zudem auch nicht einfach drauflos – er jagt nur dann, wenn er eine Erfolgsaussicht zu erkennen glaubt. Um nicht sinnlos Energien zu verschwenden ...

Findet der Wolf Nahrung, die er nicht jagen muss, sondern die vielleicht von einem anderen Beutegreifer gerissen wurde, dann wird er dem Impuls widerstehen, selbst zu jagen und die Nahrung nehmen, die einfacher zu erreichen ist. Wölfe nutzen also das angeborene Jagdverhalten nur dann, wenn dessen Einsatz alternativlos notwendig ist, um an Nahrung zu gelangen.

Bei einigen Rassen der Haushunde wurde das Jagdverhalten allerdings stark verändert. Der Wolf nimmt den Reiz wahr und entscheidet dann, ob sich eine Jagd lohnt. Dieses Abwägen ist vielen Hunden durch Selektion abhanden gekommen und sie jagen schneller „drauflos“. Das heißt aber nicht, dass sie jagen müssen, um glücklich zu sein. Das Programm ist bei Ihnen nur leichter abzurufen.

Wie Wölfe ihre Nahrung bearbeiten

Wenn Wölfe jetzt zu Nahrung gekommen sind, müssen sie diese bearbeiten, um sie fressen zu können. Ganz egal, ob sie sie erjagt oder sie gefunden bzw. aufgelesen haben. Kleine Beute wie Mäuse oder auch kleines Obst wird direkt verschluckt. Größere Beutetiere oder gefundene Kadaver müssen natürlich „schnauzengerecht“ bearbeitet werden. Kadaver werden mithilfe der Zähne, durch Reißen und Kauen, aufgebrochen, zerkleinert usw. Haut wird aufgerissen, Fleisch abgetrennt, Organe werden gefunden und müssen herausgeholt werden. Knochen werden zerkaut, das Mark wird ausgelutscht. Insgesamt müssen Wölfe sich bei der Nahrungsaufnahme mehr anstrengen als z. B. Weidetiere. Die Nahrungsaufnahme und Bearbeitung ist eine ernsthafte Beschäftigung.

Wie Straßenhunde ihre Nahrung bearbeiten

Straßen- und Schensihunde müssen in ihrer vom Menschen geprägten Umwelt zwar keine großen Beutetiere zerlegen und bearbeiten. Da sie aber meist und in erster Linie von menschlichen Abfällen leben, müssen auch sie sich bei der Nahrungsaufnahme mit der Bearbeitung beschäftigen. Haben sie etwas Nahrhaftes gefunden, muss dieses ebenfalls schnauzengerecht bearbeitet werden: Plastiktüten, Verpackungen werden von Nahrungsresten „befreit", dabei werden sie zerrissen und zerkaut. Becher werden ausgelutscht, einzelne Nahrungsstücke aus Müllbergen herausgefischt. Die Nahrung ist zwar insgesamt anders als beim Wolf, aber eine ernsthafte Beschäftigung ist die Nahrungsaufnahme und Bearbeitung auch bei domestizierten Hunden, die selbstbestimmt auf der Straße leben.

Interessant ist in dem Zusammenhang, dass Hunderassen, die als Jagdhunde gezüchtet wurden und deren Beutefangverhalten somit leichter abzurufen ist, als selbstbestimmte Straßenhunde meist nicht einfach allem hinterherjagen. Diese Beobachtungen haben mich immer wieder nachdenklich gemacht ...

Festzuhalten ist, dass die Tätigkeit des Jagens als Beschäftigung bei selbstbestimmten Hundeartigen nur zweckbestimmt ist. Es wird selten gezeigt, wenn Nahrung ohne Jagd beschafft werden kann.

Nahrung beschaffen und bearbeiten simulieren

Wenn die Nahrung nicht von Menschen im Napf serviert wird, müssen „freie" Hunde die Nahrung also erst besorgen und danach bearbeiten. Diese Tätigkeiten zu simulieren ist daher nicht nur eine natürliche und einfache Beschäftigung, sondern auch eine äußerst sinnvolle. Doch wie kann man die Simulation umsetzen?

Simulierte Nahrungsbeschaffung

Beschäftigen wir uns zunächst mit der Nahrungsbeschaffung: Eine Möglichkeit ist, eine Handvoll Trockenfutter oder Leckerchen einfach in einen Raum zu werfen und Ihrem Hund dann über ein Signal (z. B. „Such") zu erlauben, sich dieses Futter zu „beschaffen". Er wird es finden, egal, wo es hingefallen ist: Hinter dem Sofa, unter der Kommode – seine Nase wird ihn zu den Futterbrocken leiten. Auch im Garten können Sie Ihrem Hund auf diese Weise die Nahrungsbeschaffung simulieren.

Wenn Ihr Hund verstanden hat, dass es nach dem Signal „Such" immer um die Futtersuche geht, können Sie das Futter auch gezielt im Garten bzw. im Haus verstecken oder während des Gassigangs in erreichbaren Astgabeln, in Rinden gefällter Bäume etc. – Ihrer eigenen Kreativität sind keine Grenzen gesetzt. Hauptsache, der Hund findet etwas mithilfe seiner Nase.

Wichtiges für die Praxis

> Nur nachdem Sie Ihren Hund über „Such" dazu aufgefordert haben, darf er mit seiner Suche starten. Das soll verhindern, dass er alles aufnimmt, was ihm fressbar erscheint und soll seine Aufmerksamkeit nur auf die ihm bekannte Nahrung legen.

- Nimmt Ihr Hund draußen alles auf, sollten Sie diese Art der Beschäftigung nicht auf dem Gassigang durchführen. Besser ist es dann, die Suchspiele in der Wohnung generalisiert durchzuführen.
- Natürlich ersetzt die simulierte Nahrungsbeschaffung nicht die tägliche Ernährung etwa aus dem Napf. Aber einen kleinen Teil seiner täglichen Nahrung sollte er sich auf diese Weise erarbeiten dürfen.

Zusätzlich zu der gesuchten Nahrung und der im Napf angebotenen können Sie Ihren Hund auch das Zerlegen der Nahrung simulieren lassen.

Simulierte Nahrungsbearbeitung

Geeignet für die Bearbeitung der Nahrung, für das Simulieren „etwas irgendwo herauszubekommen", sind diverse Naturkautschukprodukte, die für diesen Zweck konzipiert wurden.

Bei aller Vielfalt dieser Produkte, empfehle ich da immer noch den einfachen Kong©, weil dieser nach meinen Erfahrungen die beste Mischung aus kauen, lecken und lutschen bildet. Zudem kommen die meisten Hunde auch an die Nahrung heran – es soll ja nicht zu schwer sein und Frustrationen sollen vermieden werden.

Tipps für die Umsetzung im Alltag

- Geben Sie Ihrem Hund die Gelegenheit, sich Nahrung mit der Nase zu erarbeiten zu müssen, z. B. durch Futterspiele.
- Simulieren Sie die Nahrungsbearbeitung, indem Sie befüllbare Kauspielzeuge nutzen oder Papprollen mit Futter bestücken oder ...

Selbstgemachtes

Es gibt auch viele Möglichkeiten, dem Hund mit Selbstgemachtem das Erlebnis der Nahrungszerlegung zu gönnen. Ihrer Fantasie und Ihrer Kreativität sind da keine Grenzen gesetzt.

- Lassen Sie Ihren Hund Reste aus Joghurtbechern auslecken.
- Nutzen Sie die Pappkerne von Küchenrollen, um sie mit Nahrung zu füllen und vom Hund aufreißen zu lassen.
- Schwerer wird's, wenn Sie die Nahrungsstücke, die Sie in den Pappkern geben möchten, vorher noch einzeln in Papier einwickeln, sodass Ihr Hund noch mehr Arbeit mit dem Aufreißen und dem Auspacken hat.
- Pappkartons eignen sich prima, um darin Kongs© oder Joghurtbecher zu verstecken, vielleicht wieder eingerollt in Zeitungspapier.

Ihr Hund soll durch Zerlegen und Zerreißen von mit Nahrung gefüllten Papprollen oder auch gezielt eingesetztem Kauspielzeug die Gelegenheit bekommen, die Tätigkeit der Nahrungszerlegung und Bearbeitung durchzuführen. Das entspannt und ist hilfreich, ein ausgeglichenes Hormonsystem herzustellen.

Interaktion mit Sozialpartnern

Soziale Interaktionen braucht jeder Hund. Wie Sie diese Ihrem Hund ermöglichen bzw. mit ihm sozial interagieren können, möchte ich Ihnen hier erläutern.

Soziale Interaktion bei selbstbestimmten Hundeartigen

Wie wir Menschen, so agieren auch Tiere (in der Regel) sozial miteinander. Was ist mit „sozialer Interaktion" gemeint? Dieser Begriff stammt aus der Soziologe bzw. Psychologie. Hierunter versteht man im Allgemeinen die durch Kommunikation (etwa Sprache und Gesten) verdeutlichte wechselseitige Beziehungen zwischen Personen.

Diese grobe Begriffserläuterung aus dem Humanbereich kann ebenso gut auf Hundeartige übertragen werden.

Ausgeprägte Interaktion unter Wölfen und Dingos

Wolfsfamilien leben in der Regel über einen längeren Zeitraum zusammen. Die Elterntiere bleiben unter günstigen Umständen über mehrere Jahre ein Paar, der Nachwuchs wandert auch erst nach ca. 1,5 Jahren aus dem Familienverband ab. Einzelne Individuen haben also Zeit, innerhalb eines wölfischen Familienverbands miteinander zu interagieren, einzelne Individuen einschätzen zu lernen usw.

Die Fähigkeit, sich an soziale Strukturen und individuelle Persönlichkeiten anzupassen, wird innerhalb der Familiensituation noch verfeinert: Wölfe begrüßen sich, wenn sie sich nach längeren Einzelstreifgängen wieder begegnen. Jungtiere spielen oft, um ihre gesamten körperlichen und sozialen Fähigkeiten zu trainieren. Auch erwachsene Wölfe spielen manchmal – mal mit den Jungtieren, mal durchaus auch untereinander. Das ist aber immer eine Frage dessen, wie viel Nahrung zur Verfügung steht und wie viel Ressourcen man „verschwenden" kann. Begrüßungen, Spiel, hier und da mal statusbezogene Interaktionen, aber auch Kontaktliegen und entspannendes Interagieren für alle Beteiligten (gegenseitige Fellpflege – Beknabbern, lecken an Ohren oder Schnauze) sind soziale Interaktionen untereinander vertrauter und aneinander angepasster Individuen, die bei Wolfsfamilien häufig zu beobachten sind.

Übrigens: Nur sehr selten kann man bei wölfischen Interaktionen aggressives Verhalten beobachten.

Dingofamilien und/oder -paare verhalten sich im Grunde genauso wie Wölfe – auch sie zeigen ein sehr homogenes soziales Interagieren mit Familienmitgliedern, mit vertrauten Artgenossen im sozialen Umfeld.

Weniger Interaktion in Hundegruppen

Etwas anders ist es bei Straßenhunden – unabhängig davon, ob es sich um ausgesetzte Straßenhunde in Europa oder um natürlich gewachsene Schensihundpopulationen in Afrika handelt. Obwohl diese Hunde meist dichter beieinander leben und sie viel toleranter mit fremden Artgenossen umgehen als beispielsweise Wölfe und Dingos: Ernsthaft „herzliche" Interaktionen unter Straßen- und Schensihunden sind nach meiner persönlichen Erfahrung nicht so häufig zu sehen – auch nicht unter Mitgliedern einzelner Gruppen.

Zur Erinnerung: Gruppenbildungen bei Straßenhunden werden in erster Linie an bekannten Fress- und/oder Schlafplätzen beobachtet, wo sich immer wieder die gleichen Individuen einfinden, nachdem sie eher einzelgängerisch das Revier durchstreift haben. Diese Individuen, die sich an bestimmten Plätzen treffen und dort in relativer Nähe Zeit miteinander verbringen, interagieren kaum. Mal ein beschnüffeln, seltener mal ein beknabbern oder auch Ohren/Augen belecken, aber wesentlich seltener als bei Wölfen. Dies hängt vermutlich damit zusammen, dass diese Tiere selten miteinander verwandt sind. Trifft man aber einmal auf kleine Gruppen, die doch Familienstrukturen aufweisen, wenn auch nur temporär, dann sind die Interaktionen deutlich größer.

Menschen als beliebte Sozialpartner

Interessant finde ich in dem Zusammenhang, dass Straßenhunde, aber auch ursprüngliche Schensihunde, gern die Nähe und den Kontakt zu Menschen suchen und auch interagieren – selbst mit fremden Menschen. Dazu sind die Tiere wohl meist wesentlich schneller bereit, als zur Interaktion untereinander – wenn sie keine schlechten Erfahrungen mit den Menschen gemacht haben, sollte man an dieser Stelle natürlich anmerken. Ein Umstand, den man selbstverständlich gern berücksichtigen darf, wenn man Hunden die soziale Interaktion mit Sozialpartnern bieten möchte: Als Mensch ist man wohl ein bevorzugter Sozialpartner für den Hund, der oft sogar Artgenossen vorgezogen wird.

Soziale Interaktion ermöglichen

In diesem Kapitel möchte ich bewusst nicht von Simulation sprechen. Soziale Interaktion kann und braucht man nicht zu simulieren. Man muss sie ermöglichen.

Soziale Interaktion mit Artgenossen

Hat Ihr Hund die Gelegenheit, mit Artgenossen in Kontakt zu treten, ermöglichen Sie ihm bereits eine soziale Interaktion. Allerdings sollte dieser soziale Kontakt mit Artgenossen in erster Linie mit Individuen stattfinden, die Ihrem Hund bekannt sind und die er einschätzen kann.

Selbstverständlich sind Begegnungen mit fremden Hunden ebenfalls zuzulassen, um neue Hunde kennenzulernen. Wie so oft, kommt es hier aber auf die Dosierung an: Einen Hund ständig auf Spielwiesen zu schleppen, wo man ihm zudem noch Interaktionen mit dauernd wechselnden, fremden Individuen aufzwingt, ist sicher nicht mit dem Ziel eines ausgeglichenen Lebens und Hormonsystems zu vereinbaren. Sich ständig auf neue Artgenossen und Individuen einzulassen, ist vielmehr ein hoher Stressfaktor. Hier lohnt sich nochmals ein Blick auf die Selbstbestimmten: Wölfe leben mit ihren Familienmitgliedern und gehen fremden Artgenossen komplett aus dem Weg, Straßenhunde interagieren maximal mit den Artgenossen, die mit ihnen so etwas wie eine Gruppe an einem bestimmten Platz bilden. Spielplätze oder Spielwiesen, wo sie sich mit Fremden treffen, kann man dort nicht beobachten. Ähnlich wie bei Bauernhunden, deren Kontakte zu fremden Artgenossen auch meist wenig intensiv sind.

Stabile soziale Kontakte zu Artgenossen, die in einer eventuellen Mehrhundehaltung sowieso gegeben ist, und ab und zu Fremde kennenlernen: Das ist, natürlich immer individuell angepasst, eine gute Grundlage für entspannte soziale Interaktionen. Interaktionen, die denen der Wölfe sehr ähnlich sind, wie Augen und Ohren belecken, gegenseitige Fellpflege oder beschnüffeln. Gut, wenn Ihr Hund diese Interaktionen mit bekannten Hunden durchführt. Aber nicht alle Hunde wollen mit Hunden interagieren – das müssen wir akzeptieren, auch wenn's schwerfällt.

Soziale Interaktion mit Menschen

Während der Wunsch nach sozialer Interaktion mit Artgenossen bei Hunden unterschiedlich stark ausgeprägt ist, interagieren sie mit Menschen meist gern. Auch da gibt es natürlich Ausnahmen, aber mehrheitlich mögen Hunde den Kontakt und die Interaktion mit Menschen. Wie lässt sich das umsetzen?

> Durch Körperkontakt, Kontaktliegen und Streicheln – an den Stellen, die dem Hund behagen (das ist natürlich auch individuell unterschiedlich).
> Lassen Sie sich mal von Ihrem Hund streicheln. Gewähren Sie ihm, an für Sie angenehmen Stellen, Sie abzulecken.

Diese einfachen sozialen Interaktionen sind eine Grundvoraussetzung für die körpereigene Produktion von Hormonen, die Stresshormonen entgegenwirken. Wodurch sich Hunde wohlfühlen, was wiederum Ausgeglichenheit zur Folge hat und Problemen vorbeugt.

Tipps für die Umsetzung im Alltag

> Gewähren Sie Ihrem Hund sozialen Kontakt zu Artgenossen, die sowohl Ihnen als auch Ihrem Hund bekannt sind.
> Genießen Sie körperliche Nähe zwischen Ihnen und Ihrem Hund durch Kontaktliegen und Streicheln.

Regeneration - Schlafen und Ruhen

Weniger ist oft mehr – ohne ausreichende Schlaf- und Ruhezeiten kann ein Hund nicht ausgeglichen sein. Wie können Sie Ihrem Hund dies im Alltag bieten?

Regenerierung bei selbstbestimmten Hundeartigen

Wie lange Tiere sich täglich bewegen können und müssen, wie lange sie ruhen und regenerieren, dies hängt von vielen Faktoren ab. Ein wichtiger Punkt ist, welche Nahrung sie bevorzugen, wie sie diese erhalten und wie sie die Nahrung verdauen. Beispielsweise müssen Grasfresser sehr viel und lange am Tag Gras fressen, weil Gras eine Nahrung ist, die zwar weltweit oft verfügbar, allerdings nur schwer verdaulich und Nährstoffarm ist. Die Nahrungsaufnahme ist zwar nicht schwierig und problembehaftet, aber langwierig. Zudem sind Grasfresser meist Tiere, die anderen Tieren als Beute dienen. Aus Gründen der Wachsamkeit und der Nahrungsaufnahme ruhen und schlafen darum Pferde deutlich weniger als Hunde.

Beutegreifer Wolf schläft und ruht ...

Wölfe sind Jäger, die, wenn sie Beute gemacht haben, große Mengen an nährstoffreicher Nahrung in kurzer Zeit aufnehmen können. Die aufgenommene Nahrung wird während ausgiebigen und langen Ruhephasen verdaut. Zudem sind Wölfe weit weniger als Pflanzenfresser durch andere Beutegreifer gefährdet, sodass sie insgesamt mehr und ruhiger schlafen können als potenzielle Beutetiere.

Aufgrund ihrer ausgiebigen Verdauungsschläfchen, aber auch ihres Status als Beutegreifer wegen, schlafen Wölfe lange und viel. Zwar haben sie keinen wirklich geregelten Tagesablauf wie z. B. Familienhunde, weil sie Nahrung nur unregelmäßig finden, aber im Durchschnitt verbringen Wölfe um die 20 Stunden am Tag mit ruhen und schlafen. Alle anderen, in vorherigen Kapiteln erläuterten Aktivitäten nehmen daher den kleinsten Teil eines Wolfstages ein. Diese Aktivitäten sind zwar wichtig, aber um ein natürlich ausgewogenes Hormonsystem zu halten bzw. zu bekommen, müssen Wölfe sehr viel und lange ruhen.

Ruheplätze von Straßenhunden und Dingos

Dingos, als ehemals domestizierte Abkömmlinge des Wolfes, die evolutionär wieder auf dem Rückweg zum Wildtier sind, leben im Prinzip das gleiche Leben wie Wölfe. Auch sie nehmen größere Nahrungsmengen in relativ kurzen Zeiträumen auf, die sie dann ausgiebig in langen Schlafphasen verdauen. Dingos ruhen und schlafen ebenfalls um die 20 Stunden am Tag, während sie die aktive Zeit sehr ähnlich wie Wölfe gestalten.

Straßenhunde (sowohl die meist ausgesetzten Straßenhunde in Europa, und echte, sich selbst vermehrende Straßenhunde in Indien und Afrika) unterscheiden sich auch nicht gravierend vom Wildtier Wolf und vom Wildling Dingo. Zwar reißen Straßenhunde keine größeren Beutetiere, fressbare Nahrung steht ihnen auf den Abfallplätzen der Menschen (ihre Hauptnahrungsquellen) aber ebenfalls nicht immer im Überfluss zur Verfügung. Wenn es ihnen möglich ist, fressen die Hunde in relativ kurzer Zeit so viel sie bekommen können. Und halten sich auch gern längere Zeit an diesen Plätzen oder in deren Nähe auf. Dort ruhen und schlafen sie sehr viel oder schauen einfach nur in die Gegend. Ja, sie schauen – ohne Ziel, manchmal wirken die Hunde dabei wie Tagträumer oder wie in Trance. Auf jeden Fall kann man diese „Tätigkeit" praktisch überall beobachten, wo Straßenhunde leben.

Insgesamt liegen, schlafen oder ruhen Straßenhunde sehr lange und oft am Tag. Da dort oft mehrere Hunde liegen, bilden sich wie schon beschreiben so etwas wie regelmäßige Gruppierungen ohne Hierarchien. Gruppierungen, die nur an diesen Fress- und Ruheplätzen gemeinsam zu finden sind.

Diese Gruppen bieten natürlich auch immer eine gewisse Sicherheit. Einer der Hunde bekommt immer irgendwie mit, wenn sich Gefahr nähert. Darum kann der Einzelne relativ beruhigt ruhen, wenn er Teil dieser Gemeinschaftsruheplätze ist. Nicht jeder Straßenhund macht davon aber Gebrauch – ich habe auch viele Hunde gesehen, die einsame Nischen und Verstecke ohne wachsame Gruppe nutzten.

Ob in Gruppensicherheit oder an sicheren Rückzugsorten, Straßen- und Schensihunde verbringen ebenfalls bis zu 20 Stunden am Tag mit liegen, schlafen und ruhen.

Schlaf und Ruhe ermöglichen

Beim Haushund gibt es beim Ruhebedürfnis individuelle und rassebedingte Unterschiede. Aber die sind kleiner, als man gemeinhin vermutet. Haushunde haben ebenfalls ein sehr großes Bedürfnis nach Ruhe: Auch sie sollten, individuell angepasst, zwischen 15 und 20 Stunden am Tag schlafen und ruhen können, damit sie das mehrfach angesprochene ausgeglichene Hormonverhältnis entwickeln können. Das müssen wir ihnen ermöglichen. Was uns Menschen in Zeiten von einem „Hundebeschäftigungswahn“ wohl sehr schwerfällt. Meiner persönlichen Meinung ist gerade das Fehlen der Ruhezeiten der Hauptgrund dafür, wenn Hundehalter Probleme mit ihren Hunden haben. Dabei ist es eigentlich ganz einfach, dem Hund seine Ruhe zu gönnen.

Wie Sie das Schlaf- und Ruhebedürfnis Ihres Hundes in den Alltag mit einbauen können – hier einige Tipps:

- Gönnen Sie dem Hund mehrere Ruheplätze, legen Sie an verschiedenen Stellen in der Wohnung oder im Haus Decken oder Kissen aus. Diese werden in der Regel vom Hund als „seine" Liegeplätze erkannt und angenommen. Der Vorteil der verschiedenen Liegeplätze und die freie Wahl des Hundes, wohin er sich legen kann, fördert wieder das Selbstbewusstsein – und somit die Ausgeglichenheit, die in kritischen Situationen eine besonnene Reaktion fördern kann.
- Platzieren Sie die meisten Kissen so, dass Ihr Hund zwar „dabei", aber nicht ständig gestört oder gestresst ist. Wenn z. B. kleine Kinder im Haus sind, die vielleicht gern und oft eine Treppe hinauflaufen, legen Sie kein Kissen direkt an diese Treppe.
- In der Nähe eines Sofas oder der Betten sind Liegeplätze von Vorteil, weil da auch der Mensch gern zur Ruhe kommt (oder wenn es für Sie persönlich kein Problem ist, und kein Platzproblem, kann der Hund auch gern auf dem Sofa liegen).
- Wenn möglich, können Sie auch einen Liegeplatz in einem separaten Raum einrichten, wo ein Liegeplatz durch zeitweilige dortige Nahrungsaufnahme besonders angenehm verknüpft werden kann. Das hat den Vorteil, dass Sie Ihren Hund bei Bedarf einmal für eine gewisse Zeit vom häuslichen Geschehen separieren können. Vielleicht, wenn unerwartet viel Besuch oder ein Handwerker im Haus ist und Ihr Hund so einen Trubel nicht mag. Alternativ können Sie auch, sollten Sie keinen ungenutzten Raum zur Verfügung haben, für diese speziellen Situationen eine geräumige, bequeme Hundebox einrichten.
- Es gibt natürlich Hunde, die nicht oder nicht immer auf den bereitgelegten Kissen liegen wollen, die gern hart liegen oder sich z. B. die stressige Treppenposition selbst aussuchen. Ob Ihr Hund nun hart oder in Ihren Augen unbequem liegen will, sollte für Sie keine Rolle spielen – jedes Lebewesen hat seine individuellen Vor-

züge. Gestatten Sie Ihrem Hund, da zu liegen, wo er möchte und wo es möglich ist. Wenn er sich allerdings an den Treppenabsatz legen möchte, wo er nicht zur Ruhe kommt, können Sie den Platz mit etwas Fantasie für ihn unzugänglich machen. Vielleicht an die Stelle eine Topfpflanze stellen etc.

> Trotz aller Freiheiten bei der individuellen Wahl der Liegeplätze: Ihr Hund wird, wie die meisten seiner Artgenossen, ein oder zwei Plätze als seinen Rückzugsort auserwählen, den er nutzt, wenn er entspannt entschlummern möchte, wo er seine Ruhe hat. Diese Rückzugsorte sind sehr gut und sehr wichtig. Lassen Sie Ihren Hund dort konsequent in Ruhe, das heißt, nicht hingehen, um ihn zu streicheln oder gar zu wecken etc. Falls Sie ihn doch einmal wecken müssen – vielleicht weil Sie z. B. rausgehen möchten, dann sollten Sie nicht zum Ruheplatz gehen und dem Hund Geschirr und Leine anlegen. Wecken Sie ihn vielmehr mit ruhiger Stimme aus einiger Entfernung und rufen ihn zu sich. Insgesamt ist der Rückzugsplatz aber der Ort, wo der Hund nicht gestört wird.

Anmerkungen zum Schluss

Neben einer hundgerechten Tagesgestaltung, die dem Vorbild der selbstbestimmten Hundeartigen entspricht, gibt es noch weitere Punkte, die zu erwähnen wichtig sind …

Dieses Buch ist kein Erziehungsratgeber und nur begrenzt ein Beschäftigungsratgeber. Mein Anliegen ist vielmehr, zu skizzieren, wie Sie den Alltag Ihres Hundes gestalten können, dass er möglichst dem der selbstbestimmten Hundeartigen entspricht. Mit dem Ziel, dass Ihr Hund so leben kann, wie es ihm sein Hormonsystem, seine Fähigkeiten sowie sein angeborenes Verhalten vorgibt, speziell seine hündische Fähigkeit der Anpassung.

Allgemeingültige Tagesabläufe

Die hier geschilderten Tagesabläufe für die Umsetzung im Alltag sind so allgemeingültig gehalten, dass Sie bedenkenlos jeden Hund so halten und beschäftigen könnten. Zu bedenken ist aber, dass der Mensch viele verschiedene Hunderassen gezüchtet hat, mit teilweise stark voneinander abweichenden Eigenschaften, und diese bei der Hundehaltung und auch bei der Beschäftigung zu berücksichtigen sind.

Die hier aufgezeigten Tagesabläufe sind darum als Grundlage zu verstehen – bei den meisten Hunden und Hunderassen sind sie vollkommen ausreichend, dem Hund ein angenehmes Leben zu bereiten. Ein Leben, in dem der Hund sich wohlfühlt.

Spezialisierte Hunderassen

Wenn Sie allerdings eine hochspezialisierte Hunderasse, wie z. B. einen Jagdhund, halten oder halten möchten, sollten Sie sich über die Besonderheiten dieser Rasse im Klaren sein und sich darüber entsprechend informieren und aufklären lassen. Wobei allerdings auch wichtig ist, die Rasseeigenschaften korrekt einzuschätzen. Am besten lassen Sie sich von ernsthaften Rassekennern beraten, noch besser wäre es, gleich mehrere Experten zu befragen, die unabhängig voneinander sind. Dementsprechend ist der in diesem Buch beschriebene Tagesablauf, sprich die Aktivitäten des Hundes, den Bedürfnissen dieser spezialisierten Hunderasse anzupassen

Fehler und mögliche Hilfe

Wenn Sie einen jungen Hund bzw. einen Welpen zu sich nehmen, sollten Sie sich mit der Rasse beschäftigen, damit Sie vermeidbare Fehler erst gar nicht begehen. Ein Beispiel: Es ist nicht unbedingt förderlich, einen spezialisierten Jagdhund ausschließlich mit Jagdspielchen zu beschäftigen. Er braucht es nicht zwingend, wird aber viel schneller süchtig danach als andere Rassen.

Natürlich kann es aber auch sein, dass man einen bereits in der Hinsicht „vorgeschädigten“ Hund aus dem

Tierschutz übernimmt. Auch da muss man den Tagesablauf individuell anpassen – hier am besten mit der Hilfe eines Experten. Der Berufsverband der Hundepsychologen (BVdH) ist dafür z. B. eine seriöse Anlaufstelle.

Einfach entspannen

Die Tagesabläufe sind also rassebedingt und individuell unter gewissen Umständen anzupassen. Insgesamt haben Sie mit den in diesem Buch aufgezeigten Anregungen aber eine gute Grundlage, Ihrem Hund ein seiner Art entsprechendes Leben zu bieten. Ein Leben, in dem er sich wohlfühlen kann – ohne großen Aufwand, ohne umfangreiche „Philosophie". Entspannen Sie sich einfach und genießen das Leben mit Ihrem Hund oder Ihren Hunden. Es kann so einfach sein.

Service

Buchtipps, Quellen

Schätzungen Hundebestand:

> Matter, Hans. C., Daniels, Thomas J.: Dog Ecology and Population Biology. In: Calum N. L. Macpherson, Francis X. Meslin, Alexander I. Wandeler (Hrsg.): Dogs, Zoonoses and Public Health. CABI, 2001, S. 17 ff.

Schätzungen Bestand selbstbestimmter Hunde:

> Stafford, Kevin: The Welfare of Dogs. In: Animal Welfare. Bd. 4. Springer, Dordrecht, 2006

Hundeartige:

> Riepe, Thomas: Das Nachschlagewerk der Wild- und Haushunde. animal learn, 2008

Verhaltensgenetik:

> Naguib, Marc: Methoden der Verhaltensbiologie (Springer-Lehrbuch). Springer, 2006

> O'Heare, James: Die Neuropsychologie des Hundes. animal learn, 2009

Plomin, Robert, DeFries, John C., McClearn, Gerald E., McGuffin, Peter: Behavioral Genetics. Palgrave Macmillan, 2008 (deutsch: Gene, Umwelt, Verhalten. Hans Huber Verlag, 1999)

Herkunft Hunde:

> Bloch, Günther, Dettling, Peter: Auge in Auge mit dem Wolf. 20 Jahre unterwegs mit frei lebenden Wölfen. Franckh Kosmos Verlag, 2012

> Bräuer, Juliane, Kaminski, Juliane: So klug ist Ihr Hund. Franckh Kosmos Verlag, 2011

> Kirchhoff, Stefan: Streuner! Straßenhunde in Europa. Kynos Verlag, 2014

> o.A.: Report: Complete Mitochondrial Genomes of Ancient Canids Suggest a European Origin of Domestic Dogs. In: Science Journal, 15. November 2013; DOI: 10.1126/science.1243650

> Macdonals, David: Unter Füchsen. Knesebeck 1993

Zum Weiterlesen

> Joachim, Karin: Mythos Hund. Irrtümer rund um Wölfe, Dominanz & Co. Verlag Eugen Ulmer, 2015

> Rauch, Liane: Hundetraining ohne Worte. Führen mit der leeren Hand. Verlag Eugen Ulmer, 2014

> Sondermann, Christina: Kau-SpielSpaß für Hunde. Leckere Beschäftigungsideen einfach selbst gemacht. Verlag Eugen Ulmer, 2014

Klicks im WWW

www.faunistik.net
Zur Taxonomie Wolf

http://home.arcor.de/marri/taxonomie.htm
Zur Taxonomie Wolf/Hund

http://www.departments.bucknell.edu/biology/resources/msw3/browse.asp?id=14000752
Online-Datenbank der „Mammal Species of the World"

http://www.bvdh-hundepsychologen.de/
Berufsverband der Hundepsychologen

Bildnachweis

Alle Zeichnungen in diesem Buch und auf dem Umschlag stammen von Susanne Dinkel, Reutlingen.

Die in diesem Buch enthaltenen Empfehlungen und Angaben sind vom Autor mit größter Sorgfalt zusammengestellt und geprüft worden. Eine Garantie für die Richtigkeit der Angaben kann aber nicht gegeben werden. Autor und Verlag übernahmen keinerlei Haftung für Schäden und Unfälle. Der Leser sollte bei der Anwendung der in diesem Buch enthaltenen Empfehlungen sein persönliches Urteilsvermögen einsetzen. Der Verlag Eugen Ulmer ist nicht verantwortlich für die Inhalte der im Buch genannten Websites.

Impressum

Bibliografische Information der Deutschen Nationalbibliothek
Die Deutsche Nationalbibliothek verzeichnet diese Publikation in der Deutschen Nationalbibliografie; detaillierte bibliografische Daten sind im Internet über http://dnb.d-nb.de abrufbar.

Wollgrasweg 41, 70599 Stuttgart (Hohenheim)
E-Mail: info@ulmer.de
Internet: www.ulmer-verlag.de
Lektorat: Gabi Franz, Kathrin Gutmann
Herstellung: Silke Reuter
Druck und Bindung: Friedrich Pustet, Regensburg
Printed in Germany

ISBN 978-3-8001-3378-9